Die angebliche Gefährlichkeit des Leuchtgases im Lichte statistischer Tatsachen

Von

FRANZ SCHÄFER

Ingenieur in Dessau

Mit 8 Abbildungen

München und Berlin
Druck und Verlag von R. Oldenbourg
1906

Sonderabdruck

aus dem

Journal für Gasbeleuchtung und Wasserversorgung. 1906. No. 40 und 41

Herausgegeben von Geh. Hofrat Dr. Bunte

(Druck und Verlag von R. Oldenbourg in München und Berlin W. 10)

SONDERABDRUCK
aus dem „Journal für Gasbeleuchtung und Wasserversorgung" 1906.
Herausgegeben von Dr. H. Bunte, Karlsruhe.

Die angebliche Gefährlichkeit des Leuchtgases im Lichte statistischer Tatsachen.[1)]

Von Franz Schäfer, Ingenieur in Dessau.

Als bemerkenswerte und in gewissem Sinn erfreuliche Erscheinung darf es gelten, daſs in letzter Zeit fast alle gröſseren technischen Körperschaften im Deutschen Reich einen A b - w e h r k a m p f g e g e n d i e b e h ö r d l i c h e B e v o r m u n d u n g u n d Ü b e r w a c h u n g aufgenommen haben. In keinem anderen Kulturstaate sind ja die Arbeitsgebiete der Technik so stark durch Verordnungen, Vorschriften und Verbote eingeschränkt, wie bei uns, und seit langer Zeit spottet das Ausland über das Übermaſs behördlicher Einmischung, das sich die Deutschen gefallen lassen. Jetzt endlich scheint aber die Geduld weitester Kreise der schaffenden Technik erschöpft zu sein; eine nach der andern treten die groſsen, hochangesehenen Vereinigungen der verschiedenen technischen Fächer auf den Plan, der Verein deutscher Ingenieure, der Architekten- und Ingenieurverein, der Verband deutscher Elektrotechniker, der Zentralverband Deutscher Industrieller, die Schiffbautechnische Gesellschaft und viele andere, und ihre besten Kämpen schicken sie vor, um etwaige neue behördliche Eingriffe abzuwehren.

Für die Gasfachmänner besonders bemerkenswert ist der Kampf, den die Elektrotechniker gegen die von der preuſsischen Regierung geplante und im Prinzip leider auch von

---

[1)] Erweiterte Ausarbeitung eines am 11. März 1906 vor dem Märkischen Verein von Gas- und Wasserfachmännern in Berlin gehaltenen Vortrags.

beiden gesetzgebenden Körperschaften gutgeheißene Überwachung der elektrischen Starkstromanlagen führen, bei der es nun nur noch fraglich ist, wie weit sie ausgedehnt und in welcher Weise sie ausgeübt werden wird. Die durch allerlei unberechtigte behördliche Eingriffe gewitzigten Gasfachmänner stehen mit ihren Sympathien entschieden auf Seiten der Elektrotechniker. Sie können es wohl begreifen, daß diese nur mit tiefem Unmut die Begründung des preußischen Gesetzentwurfs gelesen haben und nur mit Erbitterung an all die Belästigungen denken können, die ihnen in naher Zukunft erwachsen werden. Denn selten ist ein Gesetz so mangelhaft, ja sogar mit falschen Behauptungen begründet worden, wie der Entwurf der preußischen Regierung über die behördliche Überwachung der elektrischen Anlagen. Schon aus diesem Grunde erscheint es angebracht, daß die Gasfachmänner nicht tatenlos oder gar, wie ein paar Tageszeitungen meinten, schadenfroh dem Abwehrkampfe zuschauen, sondern daß auch sie kräftig mit eingreifen und dadurch nicht nur dem Angegriffenen zu helfen, sondern auch einem Angriff auf die eigene Industrie vorzubeugen suchen. Denn wer die Zeichen der Zeit richtig zu deuten weiß, der kann kaum bezweifeln, daß bald nach den elektrischen Anlagen auch die Gasanlagen für überwachungsbedürftig erklärt werden.

Bedauerlicherweise haben nämlich mehrere hervorragende Vertreter der Elektrotechnik bei dem ihnen aufgedrängten Kampf den Hinweis auf die angebliche Gefährlichkeit des Leuchtgases als Abwehrmittel benutzt. Z. B. hat am 5. Juni vorigen Jahres in der Eröffnungsrede zur Hauptversammlung in Dortmund der derzeitige Vorsitzende des Verbandes deutscher Elektrotechniker, Herr Professor Dr. Budde, folgendes ausgeführt[1]):

>Wir waren und sind heute noch der Ansicht, daß die Elektrizität für Leben und Eigentum weit weniger gefährlich ist, als z. B. das ganz gewöhnliche Leuchtgas. Ich habe in den Monaten Dezember 1903 bis März 1904 eine kleine private Statistik geführt, deren Ergebnis überraschend genug war. Es ergab sich, daß das Gas in den erwähnten vier Monaten

---

[1]) E. T. Z. 1905, H. 29, S. 686.

ungefähr sechs mal so viel Menschen getötet und beschädigt hat wie die Elektrizität. Insbesondere stellte sich dabei[1]) die bemerkenswerte Tatsache heraus, dafs es nicht nur vagabundierende elektrische Ströme, sondern auch vagabundierende Leuchtgasmengen gibt, die oft mehrere Häuser weit in die Wohnungen kriechen und Menschen betäuben.«

Und Herr H. Passavant hat in einem am 19. Dezember 1905 vor dem Elektrotechnischen Verein in Berlin gehaltenen Vortrag »Die beabsichtigte staatliche Überwachung elektrischer Anlagen«[2]) nach einem Hinweis auf die geringfügige Zahl der durch Elektrizität verursachten tötlichen Unfälle in Bergwerken gesagt:

> »Wir brauchen indessen nicht solche Spezialbetriebe allein ins Auge zu fassen; die Verwendung des allbekannten Leuchtgases z. B. erfordert aufserordentlich zahlreiche Opfer...«.

In einem Rundschauartikel über diesen Vortrag des Herrn Passavant hat sodann die Schriftleitung der Elektrotechnischen Zeitschrift im Anschlufs an einige statistische Angaben über die Seltenheit tötlicher Unfälle durch Elektrizität folgendes behauptet[3]):

> »Diese niedrigen Zahlen können gegenüber den überaus hohen Zahlen der in andern Betrieben, wie Transmissionen, Fahrstühlen, Gasanlagen, festgestellten Unfälle nicht in Betracht kommen...«.

Wenn solche Äufserungen auch nicht den Zweck haben sollten[4]), die Aufmerksamkeit der verordnungs- und über-

---

[1]) Diese Unfälle durch verschlichenes Leuchtgas, die Herr Prof. Dr. Budde hier wie eine ganz neue Entdeckung behandelt, sind schon vor vierzig Jahren von dem Altmeister der Hygiene, M. v. Pettenkofer, in der Broschüre »Populäre Vorträge über die Luftverbreitung im Boden« eingehend besprochen worden, der im Jahre 1884 im Journ. f. Gasbel. noch ausführlicher darüber schrieb, um zu zeigen, »was wissenschaftliche Untersuchungen zur Aufklärung und zur Verhütung dieser Fälle schon geleistet hat und zu leisten vermag«.

[2]) E. T. Z. 1905, H. 52, S. 1171.

[3]) E. T. Z. 1906, H. 3, S. 45.

[4]) Herr Passavant sagte in dieser Beziehung (a. a. O., S. 1172): »An eine behördliche Überwachung der Gasanlagen ... denkt wohl

wachungslustigen Behörden auf die Gasindustrie zu lenken,
so können sie doch diese unerwünschte Wirkung haben.
Und da sie obendrein mehr auf vorgefafsten Meinungen und
Gefühlen, als auf beweiskräftiger statistischer Grundlage beruhen, so mufs ihnen einmal nachdrücklich widersprochen
werden. Herr Prof. Dr. Budde hat zwar den Versuch gemacht, eine vergleichende Statistik zu gewinnen; aber wohl
kaum jemand wird es für zulässig halten, auf eine über einen
Zeitraum von nur vier Wintermonaten[1]) ausgedehnte Sammlung von Zeitungsnotizen solche Schlüsse aufzubauen, wie er
es getan hat, wobei er überdies mehrere wichtige Gesichtspunkte einfach aufser acht liefs. Herr Passavant aber hat
nur von »aufserordentlich zahlreichen« Opfern des Leuchtgases gesprochen, jedoch ohne beweisende Zahlen dafür bei-
zubringen und zum Vergleich die Zahl der Opfer des elektrischen Stromes und anderer Energieträger mitzuteilen. Die
Schriftleitung der E. T. Z. hat die von ihr behaupteten »überaus hohen Zahlen« der in Gasanlagen vorkommenden Unfälle
auch auf wiederholte Aufforderung nicht nachgewiesen, zweifellos, weil sie es nicht konnte. Denn in
Wirklichkeit ist die Zahl der durch Leuchtgas verursachten Unfälle aller Art erfreulicherweise überaus niedrig, verhältnismäfsig
zumeist erheblich niedriger, als die Zahl der Unfälle in elektrischen
Anlagen!

In dem Wettbewerb der Elektrizität gegen das Leuchtgas
hat allerdings von Anfang an die vermeintlich höhere
Sicherheit der elektrischen Anlagen eine grofse Rolle
gespielt, und noch heute wird kaum eine Reklamerede ge-

---

kein Mensch, es liegt uns auch weit fern, sie für notwendig zu
halten . . . .«

[1]) Die Wintermonate sind bekanntlich und aus leicht verständ-
lichen Gründen an Unfällen durch Gas reicher, als die Sommer-
monate. Dagegen entfallen die tötlichen Unfälle durch Elektrizität
vorwiegend in das Sommerhalbjahr. Brandfälle durch Gas sind
ebenfalls im Winter viel häufiger, als im Sommer, während die
Brandfälle durch Elektrizität sich ziemlich gleichmäfsig auf alle
Jahreszeiten verteilen.

halten oder Reklameschrift geschrieben, worin nicht die angebliche Ungefährlichkeit der Elektrizität für Leben und Eigentum nachdrücklich hervorgehoben würde. Vielleicht hat gerade die allzu häufige und allzu lebhafte Betonung der vermeintlichen Sicherheit elektrischer Anlagen viel dazu beigetragen, jenes Mißtrauen nachzurufen, welches zuletzt dahin geführt hat, die Anlagen für überwachungsbedürftig zu erklären; denn notwendigerweise mußte die Enttäuschung weiter Kreise groß sein, als die Meldungen über Brände und Tötungen durch Elektrizität sich mehrten. Schon deshalb wäre es gut, wenn von den Elektrikern die Behauptung größerer Sicherheit elektrischer Anlagen nachgerade preisgegeben würde, wenigstens im Vergleich mit Gasanlagen, zumal da sie, wie im nachstehenden dargetan werden soll, den statistischen Tatsachen zuwiderläuft.

Wenn man die »Gefährlichkeit« eines Energieträgers beurteilen will, dann genügt es zweifellos nicht, nur die Möglichkeiten ungewollter Entfesselung in Betracht zu ziehen, die bei der einen oder andern Kraftform bestehen; es ist sicherlich nicht gerecht, was manche Elektriker so gern tun, über das Leuchtgas nur zu sagen, es könne Brände verursachen, es könne Explosionen hervorrufen, es könne Menschen vergiften. Es darf vielmehr nur die Wirklichkeit gelten; man muß untersuchen, wie oft das Gas dies alles wirklich tut bzw. getan hat, wie groß die Zahl der wirklich vorgekommenen Brände, Explosionen und Vergiftungen durch Leuchtgas ist. Und ebenso muß man auf der andern Seite zusehen, wieviele wirkliche Brandfälle und Tötungen dem elektrischen Strom, dem Petroleum, dem Spiritus und andern Energieträgern zur Last fallen.

Damit allein ist es aber noch immer nicht getan: Die absoluten Zahlen können kein zutreffendes Bild geben, da die in Rede stehenden Energieträger nicht in gleichem, sondern in sehr verschiedenem Maße benutzt werden. Man muß also noch die Verbreitung des einen und des andern berücksichtigen und relative Werte zu ermitteln suchen. Dies haben die Herren Prof. Dr. Budde und Passavant nicht getan; deshalb sind ihre Ausführungen über die angebliche Gefährlichkeit des Leuchtgases voreilig und irreleitend.

Um eine richtige Vergleichsgrundlage zu gewinnen, ist es nötig, hier ein wenig vom eigentlichen Thema abzuschweifen und ein Kapitel einzuschalten, dem man die Überschrift geben könnte: **Die Ausbreitung des Gasverbrauchs im »Zeitalter der Elektrizität«.**

Wer ganz einseitig nur die Fortschritte in der Anwendung des elektrischen Stromes verfolgt hat oder unter dem Bann des Schlagworts vom »beispiellosen Siegeszug der Elektrizität« steht, der ist natürlich der Meinung, die Elektrizität habe schon heute eine viel gröfsere Verbreitung und wirtschaftliche Bedeutung erlangt, als das »veraltete, auf dem Aussterbeetat stehende Gas«, oder sie werde es doch jedenfalls demnächst überflügeln. Man begegnet ja nicht selten bei Laien, die durch die einseitig beeinflufste oder mangelhaft unterrichtete Tagespresse — nicht nur die kleinen, sondern auch die grofsen deutschen Zeitungen aller Parteirichtungen sind über Gasfragen gemeinhin noch schlechter unterrichtet, als über andere technische Angelegenheiten! — irregeführt sind, der erstaunten Frage: »Wer richtet denn heutzutage noch Gas ein?«, einem Worte, das auch von Elektrikern in Reklamevorträgen gern gebraucht wird. Nicht nur für die Anhänger dieser verkehrten Anschauung, sondern auch für viele Freunde des Leuchtgases wird es daher lehrreich und überraschend sein, wenn ihnen einmal vergleichende Angaben über die fortschreitende Verbreitung und Benutzung des Gases und der Elektrizität in Deutschland vor Augen geführt werden. Aus dem umfangreichen und vielseitigen Zahlenmaterial, das die Deutsche Continental-Gas-Gesellschaft in Dessau seit Jahrzehnten sammeln und verarbeiten läfst, sollen deshalb einige besonders bemerkenswerte Zusammenstellungen herausgegriffen und erläutert werden. Vorausgeschickt sei dabei, dafs durchaus vollständige und ganz genau übereinstimmende Vergleichsgrundlagen nicht zu gewinnen waren; es liegt eben in der Natur aller vergleichenden Statistiken, dafs der Mafsstab, den anzulegen man gezwungen ist, nicht stets für beide Teile gleichmäfsig geeignet ist.

Das nachstehende Schaubild, Fig. 1, zeigt die Zahl
der Anschlüsse an die Gaswerke bzw. die Elektrizitätswerke im Weichbilde der Stadt Berlin (ohne
die Vororte) vom Jahre 1890 bis zum 31. März bzw. 30. Juni
1905. Die hohen, senkrecht schraffierten Rechtecke stellen
die Zahl der jeweils am 31. März an die der Stadt bzw. der
Imperial Continental Gas Association gehörigen Rohrnetze angeschlossenen Gasuhren[1] maßstäblich dar; die niedrigen,
ganz schwarzen Rechtecke versinnbildlichen im gleichen Maßstab bis zum Jahre 1901 die Zahl der jeweils am 30. Juni an
die Kabelnetze der Berliner Elektrizitätswerke angeschlossenen
Stromabnehmer[2], von 1902 an die Zahl der am 1. April
angeschlossenen Elektrizitätszähler[3]); jedoch ist in den
letzten vier Jahren die Zahl der Stromabnehmer durch eine
helle Trennungslinie auch noch erkennbar gemacht. Es ist
also, was streng genommen zu ungunsten der Elektrizität
inkorrekt ist, für elf von den fünfzehn Jahren die Zahl der
Stromabnehmer, von denen manche wegen des Doppeltarifs für Licht und Kraft zwei oder mehr Zähler haben, mit
der Zahl der Gasuhren in Vergleich gesetzt, die damals
größer war, als die Zahl der Gasabnehmer; dafür ist aber für
die letzten vier Jahre das Bild zu ungunsten des Gases verschoben, indem durch Einführung des Einheitspreises für
das Gas im Jahre 1901, auf deren Einfluß der im Jahre 1902
bemerkliche vorübergehende Rückgang der Gasuhrenanzahl
zurückzuführen ist, für die allermeisten Gasabnehmer die Notwendigkeit fortfiel, zwei Gasuhren zu benutzen. Aber diese
Ungenauigkeiten sind ersichtlich viel zu klein, als daß sie
einen merklichen Einfluß auf den mit dem Schaubild bezweckten Vergleich ausüben könnten. Dieser ist so augen-

---

[1] Nach den Verwaltungsberichten des Magistrats zu Berlin
und brieflichen Mitteilungen der Direktion der Imp. Cont. Gas Assoc.

[2] Nach den Geschäftsberichten der A. G. Berliner Elektrizitätswerke, die keine Angaben über die Zahl der angeschlossenen Elektrizitätszähler zu enthalten pflegen.

[3] Nach den von der E. T. Z. alljährlich veröffentlichten Zusammenstellungen der Elektrizitätswerke in Deutschland.

ZAHL DER ANSCHLÜSSE AN DIE GASWERKE BEZW. ELEKTRIZITÄTSWERKE

IM WEICHBILD DER STADT BERLIN

VON 1890 BIS 1905

ANZAHL DER JEWEILS AM 31. MÄRZ ANGESCHLOSSENEN GASZÄHLER

ANZAHL DER JEWEILS AM 30. JUNI ANGESCHLOSSENEN STROMABNEHMER BEZW. (SEIT 1902) ELEKTRIZITÄTSZÄHLER.

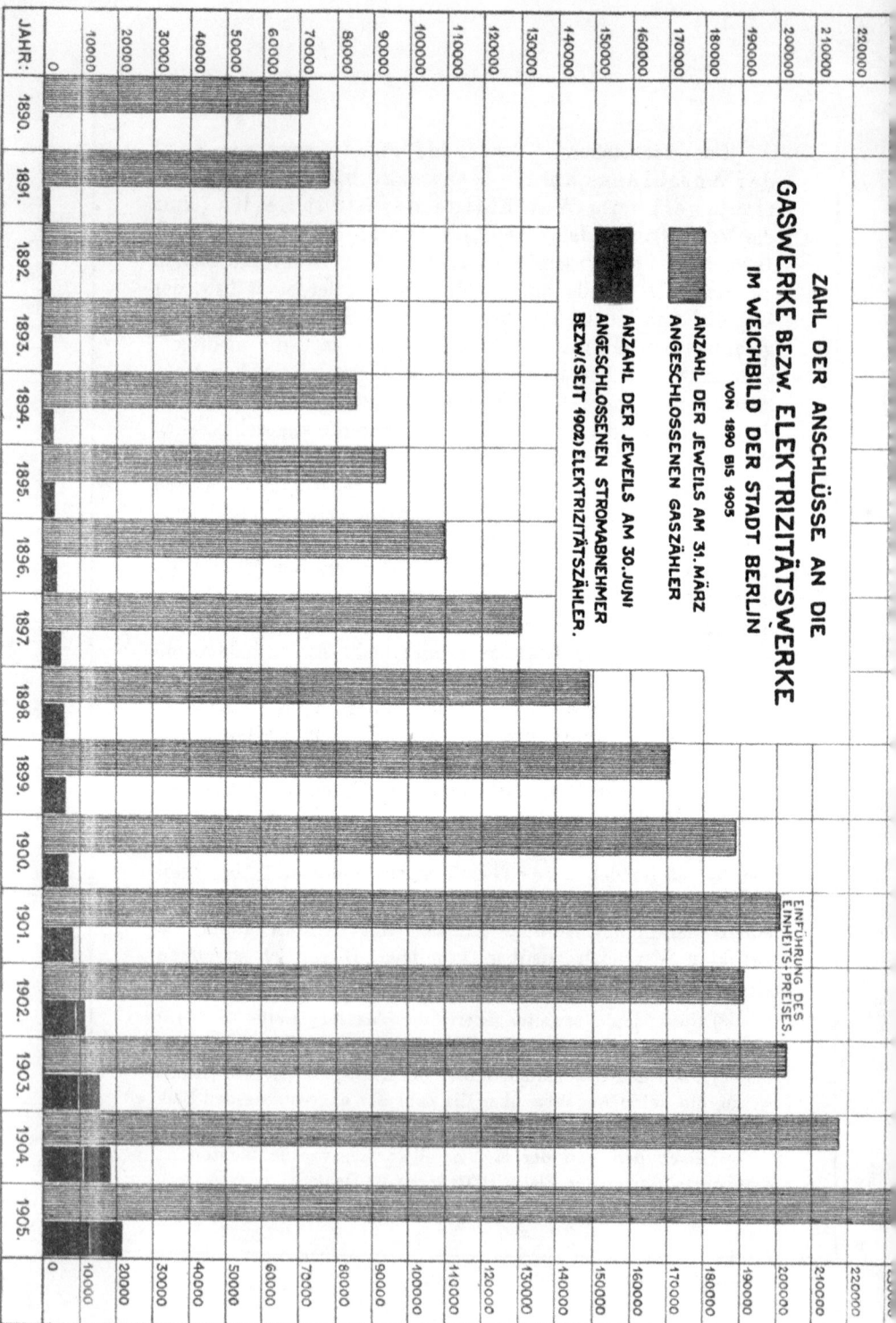

EINFÜHRUNG DES EINHEITS-PREISES.

JAHR: 1890. 1891. 1892. 1893. 1894. 1895. 1896. 1897. 1898. 1899. 1900. 1901. 1902. 1903. 1904. 1905.

0 10000 20000 30000 40000 50000 60000 70000 80000 90000 100000 110000 120000 130000 140000 150000 160000 170000 180000 190000 200000 210000 220000

fällig, dafs er kaum einer näheren Erläuterung bedarf. Einige besonders wichtige Hinweise und Zahlen dürften genügen:

An die Elektrizitätswerke waren zuletzt 21 465 Zähler angeschlossen, an die Gaswerke hingegen 235 260, also beinahe elf mal so viele. Bei den Elektrizitätswerken belief sich der Zuwachs an Anschlüssen, jeden besonderen Zähler als Anschlufs gerechnet, seit dem Jahre 1890 auf wenig mehr als 20 000 Stück, bei den Gaswerken dagegen auf über 163 000 Stück, d. i. über acht mal so viel. Im letzten Berichtsjahr (1904/05) betrug der Zuwachs bei den Elektrizitätswerken 3609 Stück, bei den Gaswerken hingegen 17 538 Stück, fast fünf mal so viel. Der Vorsprung, den die Gaswerke hatten, betrug im Jahre 1890 nur rund 71 000 Stück, im Jahre 1905 dagegen rund 215 000 Stück; er hatte sich also nicht vermindert, sondern vielmehr nahezu verdreifacht! ¦Einer Mitteilung der Verwaltung zufolge haben seither (vom 1. April 1905 bis 31. März 1906) allein die städtischen Gaswerke im Weichbild von Berlin 19 407 neue Abnehmer gewonnen. Wollte man die Vororte mit berücksichtigen, so würde sich das Bild noch ganz erheblich zugunsten des Gases verschieben.

Man sieht also, dafs in der Reichshauptstadt, soweit die zentrale Versorgung in Frage kommt, das Gas seit dem Auftreten des elektrischen Wettbewerbs sein Absatzgebiet nicht nur bewahrt, sondern in ungeahntem und viel stärkerem Mafse erweitert hat, als die Elektrizität das ihrige, und dafs diese heute noch bei weitem nicht so viele Abnehmer gefunden hat, als das Gas zur Zeit ihres Eintretens in die Reihe der Licht- und Kraftträger bereits besafs.

Das Schaubild Fig. 2 soll einen Vergleich der Energieabgabe durch die Gaswerke bzw. die Elektrizitätswerke im Weichbild der Stadt Berlin (ohne die Vororte) vom Jahre 1890 bis zum Jahre 1905 ermöglichen. Zu diesem Behuf ist darauf sowohl für die Gasanstalten, wie für die Elektrizitätswerke jeweils die gesamte jährliche nutzbare Abgabe, auf Wärmeeinheiten umgerechnet, dargestellt. Diese Umrechnung, wobei 1 cbm Gas = 5200, 1 KW-Stunde = 860 WE angesetzt wurde, ist vorgenommen worden, um eine

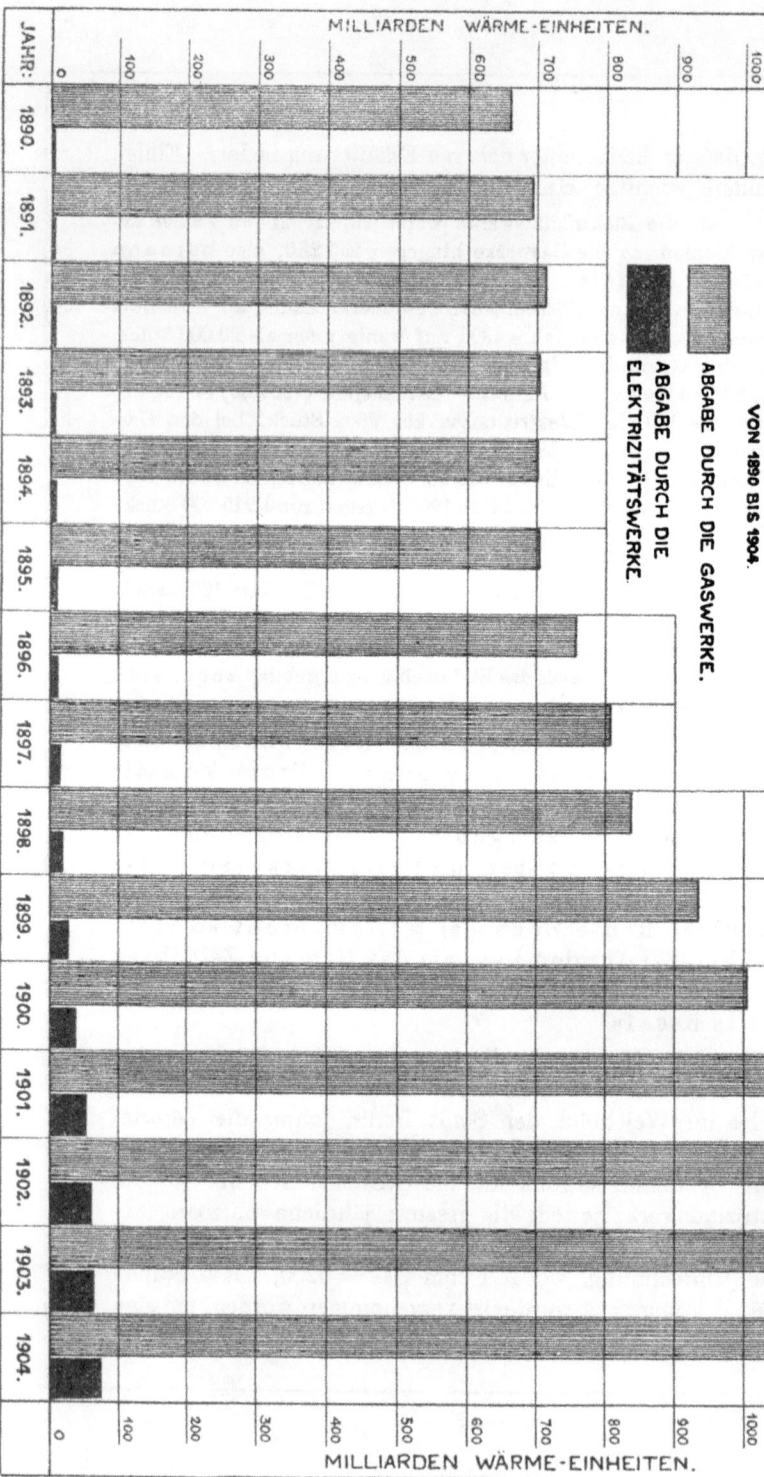

ENERGIE - ABGABE DURCH DIE
GASWERKE BEZW. ELEKTRIZITÄTSWERKE
IM WEICHBILD DER STADT BERLIN
VON 1890 BIS 1904.

ABGABE DURCH DIE GASWERKE.

ABGABE DURCH DIE
ELEKTRIZITÄTSWERKE.

MILLIARDEN WÄRME-EINHEITEN.

JAHR: 1890. 1891. 1892. 1893. 1894. 1895. 1896. 1897. 1898. 1899. 1900. 1901. 1902. 1903. 1904.

MILLIARDEN WÄRME-EINHEITEN.

Fig. 2.

unanfechtbare Vergleichsgrundlage zu gewinnen, da Kilowattstunden elektrischen Stromes nicht unmittelbar mit Kubikmetern Gas vergleichbar sind und bei der vielgestaltigen Benutzung der beiden Energieträger eine vergleichsweise Schätzung
ihrer Nutzwerte nur mehr von Fall zu Fall, nicht aber allgemein
möglich ist.[1]) Für die später vorzunehmende Ermittlung der
relativen Feuersgefährlichkeit des Gases und der Elektrizität
ist jedenfalls die Vergleichung der in den beiden Formen zur
Verteilung gekommenen Wärmemengen die geeignetste
Grundlage.

Nach den gebräuchlichen Maßeinheiten stellten sich die
nutzbaren Abgaben für den Anfang und das Ende des Schau-
bildes wie folgt:

Jahr:	Gasabgabe:	Stromabgabe:
1890	127 090 200 cbm	2 802 731 KW-Stunde.
1904	249 466 000 cbm	111 572 782 KW-Stunde.

Das Schaubild (Fig. 2) läßt auf den ersten Blick erkennen,
daß in Berlin eine weit größere Energiemenge (im
Jahre 1904 über 17mal so viel!) in Form von Gas zur
Verteilung kommt, als in Form von Elektrizität;
ferner, daß auch in dieser Beziehung der Vorsprung,
den das Gas beim Auftreten des elektrischen Wettbewerbs hatte, sich nicht verkleinert, sondern
stark vergrößert (nahezu verdoppelt) hat. Überdies zeigt
es in dem schwachen Rückgang bzw. Stillstand der Gasabgabe
in den Jahren 1891 bis 1895 den Einfluß der Einführung der
Sonntagsruhe, der mitteleuropäischen Zeit und des Gasglüh-
lichtes.

Es ist noch zu bemerken, daß vom Jahre 1897 ab die
Stromlieferung an die elektrischen Straßenbahnen, die zuletzt mit 47 Millionen Kilowattstunden über zwei Fünftel der
gesamten nutzbaren Abgabe betrug, mit eingerechnet wurde, obwohl auf diesem Gebiet die Gasanstalten zurzeit keinen Absatz
haben.

---

[1]) W. v. Oechelhaeuser schätzte vor zehn Jahren die damaligen Äquivalente zwischen Gas und Elektrizität, bezogen auf
Kubikmeter bzw. KW-Stunden, zu 1 : 2 bei der Glühlichtentwickelung,
zu 1 > 1 bei der Kraftentwicklung und zu 1 : 3½ — 5 bei der
Wärmeentwickelung; vgl. Journ. f. Gasbel. 1896, S. 480.

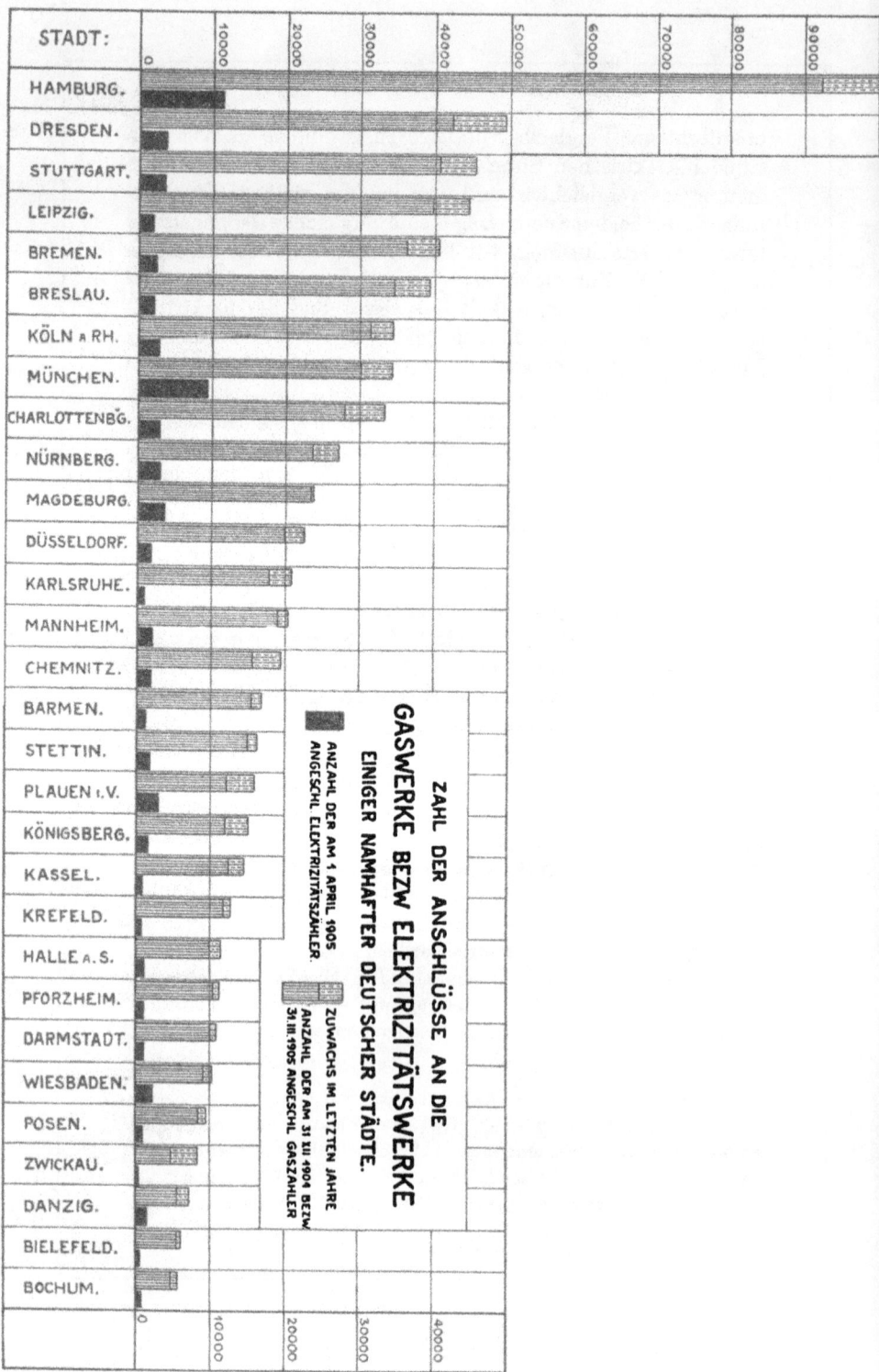

Fig. 3.

ZAHL DER ANSCHLÜSSE AN DIE
GASWERKE BEZW ELEKTRIZITÄTSWERKE
EINIGER NAMHAFTER DEUTSCHER STÄDTE.

ANZAHL DER AM 1 APRIL 1905
ANGESCHL ELEKTRIZITÄTSZÄHLER.

ZUWACHS IM LETZTEN JAHRE

ANZAHL DER AM 31 XII 1904 BEZW
31.III.1905 ANGESCHL GASZÄHLER.

STADT:

HAMBURG.
DRESDEN.
STUTTGART.
LEIPZIG.
BREMEN.
BRESLAU.
KÖLN a RH.
MÜNCHEN.
CHARLOTTENBG.
NÜRNBERG.
MAGDEBURG.
DÜSSELDORF.
KARLSRUHE.
MANNHEIM.
CHEMNITZ.
BARMEN.
STETTIN.
PLAUEN i.V.
KÖNIGSBERG.
KASSEL.
KREFELD.
HALLE a.S.
PFORZHEIM.
DARMSTADT.
WIESBADEN.
POSEN.
ZWICKAU.
DANZIG.
BIELEFELD.
BOCHUM.

Daſs nun nicht nur in Berlin, sondern auch in allen andern Groſsstädten, nicht minder in fast allen Mittelstädten und Kleinstädten in Deutschland die Zahl der Gasver- braucher diejenige der Stromabnehmer und die Höhe des Gasverbrauchs diejenige des Stromver- brauchs ganz bedeutend, zumeist in noch viel höherem Grade als in Berlin, überwiegt, ist an Hand der vom Deutschen Verein von Gas- und Wasserfachmännern heraus- gegebenen Statistischen Zusammenstellungen über die Betriebs- ergebnisse von Gasanstaltsverwaltungen, der in der E. T. Z. veröffentlichten Zusammenstellungen der Elektrizitätswerke in Deutschland, vieler Jahresberichte deutscher Städte und anderer Quellen leicht festzustellen. Für 30 namhafte deutsche Städte ist das Verhältnis der Anschlüsse auf nachstehendem Schau- bild, Fig. 3, dargestellt. Darauf bedeuten wieder die nied- rigen, ganz schwarzen Rechtecke die Zahl der zuletzt (am 1. April 1905) angeschlossenen Elektrizitätszähler und die hohen, senkrecht schraffierten Rechtecke mit Einschluſs der strich- punktierten Flächen an ihren oberen Enden die Zahl der zuletzt angeschlossenen Gasuhren; die strichpunktierten Flächen allein stellen den Zuwachs im letzten Jahre dar. Man sieht:

1. Daſs überall die Zahl der Gasanschlüsse viel gröſser ist, als die Zahl der elektrischen An- schlüsse.

In München, wo die Elektrizität verhältnismäſsig am weitesten vorangekommen ist, gab es 3,7 mal so viel Gasuhren, als elektrische Zähler (34 539 gegen 9344); in den andern Städten stellten sich die absoluten Werte und die Vergleichsziffern wie folgt:

Tabelle I.

Danzig	7 089	gegen	1 526	(4,6	mal	so viel),
Wiesbaden	10 257	»	2 160	(4,75	»	»),
Plauen i. V.	16 187	»	2 923	(5,5	»	»),
Magdeburg	23 728	»	3 548	(6,7	»	»),
Bochum	5 651	»	744	(7,7	»	»),
Stettin	16 335	»	1 846	(9,0	»	»),
Hamburg	103 863	»	11 452	(9,1	»	»),

Nürnberg	27 218	gegen	2 911	(9,4	mal	so	viel),
Königsberg	15 252	»	1 604	(9,5	»	»	»),
Darmstadt	10 830	»	1 125	(9,6	»	»	»),
Posen	9 495	»	933	(10,2	»	»	»),
Mannheim	20 380	»	1 987	(10,3	»	»	»),
Chemnitz	19 276	»	1 779	(10,8	»	»	»),
Halle a. S.	11 468	»	1 047	(10,9	»	»	»),
Pforzheim	11 220	»	1 022	(11,0	»	»	»),
Charlottenburg	33 245	»	2 880	(11,6	»	»	»),
Düsseldorf	22 660	»	1 902	(11,9	»	»	»),
Stuttgart	45 498	»	3 753	(12,1	»	»	»),
Köln a. Rh.	34 559	»	2 824	(12,2	»	»	»),
Bielefeld	6 059	»	488	(12,4	»	»	»),
Dresden	49 248	»	3 679	(13,4	»	»	»),
Barmen	16 733	»	1 034	(16,2	»	»	»),
Kassel	14 733	»	900	(16,5	»	»	»),
Bremen	40 416	»	2 417	(16,7	»	»	»),
Krefeld	12 920	»	771	(16,7	»	»	»),
Breslau	39 335	»	2 005	(19,6	»	»	»),
Zwickau	8 295	»	390	(21,3	»	»	»),
Karlsruhe	20 894	»	969	(21,5	»	»	»),
Leipzig [1])	44 537	»	1 948	(22,8	»	»	»).

Insgesamt bestanden in diesen 30 Städten zuletzt 72 000 Anschlüsse an die elektrischen Zentralen, aber 732 000 oder über zehn mal so viel Anschlüsse an die Gaswerke.

2. Dafs der Zuwachs bei den Gaswerken im letzten Jahre zumeist so grofs oder noch gröfser ist, als die Gesamtzahl der elektrischen Zähler, mit andern Worten, dafs die meisten Gaswerke im letzten Jahr allein so viele Anschlüsse gewonnen haben, als die elektrischen Zentralen in zehn, zwölf, fünfzehn und noch mehr Jahren erlangt hatten.

Jedenfalls ist überall, mit alleiniger Ausnahme von Magdeburg, der letztjährige Zuwachs bei den Gaswerken gröfser gewesen, als bei den Elektrizitätswerken. Die genauen Zahlen sind in nachstehender Tabelle II wiedergegeben:

---

[1]) Anschlufswert nur der städtischen Gaswerke, nicht auch derjenigen der Thüringer Gasgesellschaft.

Tabelle II.

1	2	3	4	5	6
Stadt:	Zuwachs im letzten Berichtsjahr		Zuwachs seit Beginn des elektr. Wettbewerbs		Zahl der Gasuhren bei Beginn d. el. Wettb.
	bei der Gasanst.	bei der el. Zentr.	bei der Gasanst.	bei der el. Zentr.	
Barmen . . .	1 233	14	3 643	1 034	3 090
Bielefeld . . .	498	98	3 002	488	3 057
Bochum . . .	761	133	2 629	744	3 022
Bremen . . .	4 275	26	28 274	2 417	12 142
Breslau . . .	4 617	363	31 329	2 005	8 006
Cassel	2 037	137	8 825	900	5 908
Charlottenburg.	5 286	659	11 344	2 880	21 901
Chemnitz . .	3 674	191	15 127	1 779	4 149
Cöln	3 139	664	24 002	2 824	10 557
Crefeld . . .	950	126	4 716	771	8 204
Danzig . . .	1 593	421	4 274	1 526	2 815
Darmstadt . .	814	179	9 404	1 125	1 426
Dresden . . .	6 949	799	28 518	3 679	20 730
Düsseldorf . .	2 708	335	17 841	1 902	4 819
Halle a. S. . .	1 462	259	4 191	1 047	7 277
Hamburg . . .	11 469	1 775	75 605	11 452	27 257
Karlsruhe . .	3 074	155	4 340	969	16 554
Königsberg . .	3 130	107	3 380	1 604	1 872
Leipzig . . . (städt. Gas).	4 698	170	26 722	1 948	17 851
Magdeburg . .	258	830	17 377	3 548	6 351
Mannheim . .	1 433	236	7 781	1 987	12 599
München . . .	4 207	1 118	22 857	9 344	11 682
Nürnberg . .	3 355	223	18 112	2 911	9 106
Pforzheim . .	680	87	7 496	1 022	3 724
Plauen i. V. .	3 647	281	13 901	2 923	2 286
Posen	1 060	340	7 058	933	2 437
Stettin . . .	1 251	73	13 462	1 846	2 873
Stuttgart . . .	4 754	453	—	3 753	—
Wiesbaden . .	1 276	420	3 484	2 160	6 773
Zwickau . . .	3 608	19	6 695	390	1 600
	87 896	10 701	425 389	71 911	240 068

Aus dieser Tabelle sind die beachtenswerten Tatsachen
zu entnehmen, dafs die deutschen Elektrizitätswerke

mit Ausnahme von Plauen i. V. noch nirgends diejenige
Zahl von Anschlüssen erlangt haben, welche die
Gaswerke beim Beginn des elektrischen Wettbewerbs hatten (selbst München mit seinen dem Gas so
ungünstigen Verhältnissen — Isarwasserkräfte und aufser-
gewöhnlich hohe Gaspreise — hat es mit zuletzt 9344 Strom-
zählern gegen s. Z. 11 682 Gasuhren noch nicht so weit ge-
bracht), und dafs die elektrischen Zentralen insgesamt sogar noch nicht ein Drittel der Anschlufs-
ziffer zu erreichen vermochten, welche die Gasanstalten in jener Zeit besafsen (72 000 gegen über
250 000); ferner, dafs der Vorsprung, den die Gasanstalten damals hatten, seither nirgends kleiner,
sondern überall wesentlich gröfser geworden ist
(selbst in München stieg dieser Vorsprung von 11 682 im
Jahre 1893 auf 25 195 im Jahre 1905, in Plauen i. V. von
2286 auf 13 264; insgesamt stieg er von 250 000 auf 660 000).
Genau dieselben Verhältnisse sind für eine ganze Reihe anderer
Grofs- und Mittelstädte und für sehr viele Kleinstädte Deutschlands nachgewiesen. Besondere Beachtung verdient es dabei,
dafs auch in solchen Städten, die schon sehr früh elektrische
Zentralen bekamen (Barmen, Darmstadt, Hamburg, Königsberg u. a.), das Gas allenthalben den nämlichen grofsen Vorsprung aufweist.

Die Tabelle II zeigt in den Schlufsziffern ihrer Spalten 2
und 3, dafs in den 30 darin aufgeführten deutschen Städten
im letzten Berichtsjahr 87 896 Gasuhren, aber nur 10 701 Elektrizitätszähler neu in Anschlufs gekommen sind. Das Gas
hat somit in den genannten Städten über acht mal so viel
neue Abnehmer gefunden, als der elektrische Strom;
»in der Provinz« ist also die Bevorzugung des Gases noch
gröfser gewesen, als in Berlin. Dafs dies nicht nur für die
30 keineswegs ausgesuchten, vielmehr aufs Geratewohl heraus-
gegriffenen Städte, sondern — und anscheinend sogar in noch
höherem Mafse — ganz allgemein für das Deutsche
Reich zutrifft, ist aus nachstehendem Schaubild Fig. 4 zu
ersehen, worauf für die Jahre 1896—1904 in den hohen, senkrecht schraffierten Rechtecken jeweils die Anzahl der im betr.

Jahre g e e i c h t e n G a s u h r e n[1]) und für die Jahre 1900—1904 daneben in den niedrigen, ganz schwarzen Rechtecken die Anzahl der jeweils in A n s c h l u f s g e k o m m e n e n E l e k - t r i z i t ä t s z ä h l e r[2]) dargestellt sind.

Man sieht, dafs die Zahl der alljährlich zur Eichung ge- kommenen Gasuhren im Laufe von nur acht Jahren sich m e h r a l s v e r d o p p e l t und im letzten Berichtsjahr (1904)

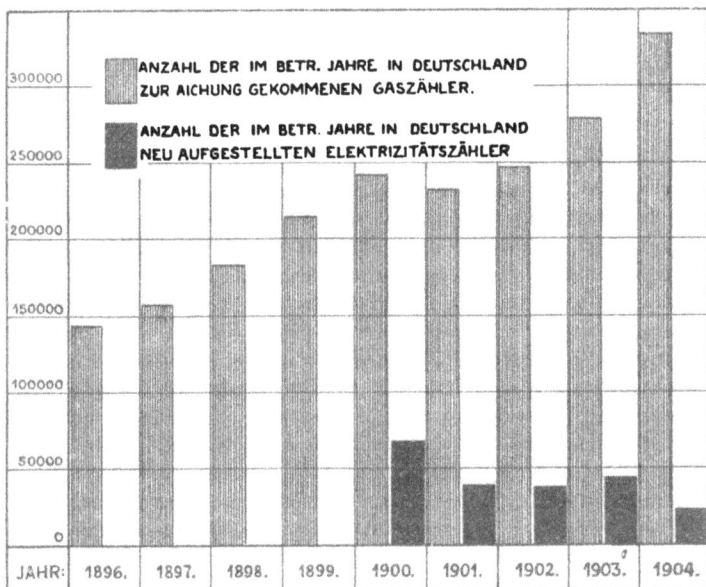

Fig. 4.

zugleich mit der höchsten, je dagewesenen Steigerung den R e k o r d w e r t erreicht hat, der allerdings aller Wahrschein- lichkeit nach im Jahre 1905 abermals überboten wurde.

---

[1]) Nach den von der Kaiserlichen Normaleichungskommission veröffentlichten › Übersichten über die Geschäftstätigkeit der Eichungs- behörden‹; die darin nicht enthaltenen Zahlen über die Gasmesser- eichungen in Bayern wurden vom Herrn Dr. B a r z c y n s k i , Kgl. Eichungsinspektor in Magdeburg, freundlichst mitgeteilt.

[2]) Nach den ›Zusammenstellungen der Elektrizitätswerke in Deutschland‹ in der E. T. Z.

Die absoluten Zahlen stellten sich wie folgt:

Jahr:	Geeichte Gasuhren:	Hinzugekommene Elektrizitätszähler:
1896	144 885	—
1897	158 107	—
1898	182 975	—
1899	212 462	58 557 [1])
1900	240 839	68 138
1901	231 498	39 129
1902	246 361	37 934
1903	278 116	43 608
1904	333 766	22 356
Insgesamt:	2 029 009	269 722

Man sieht, dafs den über zwei Millionen zur Eichung gekommenen Gasuhren insgesamt nur 270 000 zur Aufstellung gekommene Elektrizitätszähler gegenüberstehen. Dabei kann, da im letzten Jahre (1904/05) nur einige wenige, zumeist unbedeutende Zentralen die betreffende Rubrik in der »Zusammenstellung« der E. T. Z. nicht ausgefüllt haben und die Statistik so ziemlich alle Zentralen Deutschlands umfafst, die darin ermittelte Anzahl der Elektrizitätszähler als höchstens um einige tausend zu niedrig erachtet werden; anderseits mögen unter den zur Eichung gelangten Gasuhren eine Anzahl, vielleicht 10%, reparierte und nachgeprüfte sein. Doch kann weder dies noch jenes den gewaltigen Vorsprung des Gases vor der Elektrizität wesentlich beeinträchtigen. Ein ganz einwandfreier Vergleich wäre nur dann möglich, wenn auch die Elektrizitätszähler amtlich geeicht würden, was aber bisher noch nicht geschieht.

Bemerkt sei noch, dafs der kleine Rückgang in der Zahl der geeichten Gasuhren im Jahre 1901 auf die Einführung des einheitlichen Gaspreises in Berlin, Schöneberg u. a. O. zurückzuführen ist.

Betrachtet man die vier Schaubilder und die drei Tabellen als Illustrationen zu dem so oft gehörten Schlagwort vom »Siegeszug der Elektrizität«, so lassen sie deutlich und

---

[1]) Für das Jahr 1899 bedeutet die Ziffer nicht den Zuwachs, sondern die bis dahin nachgewiesene Gesamtzahl, da in diesem Jahre die Anzahl der Elektrizitätszähler in den »Zusammenstellungen« der E. T. Z. erstmals mit aufgeführt, aber noch nicht von allen Zentralen angegeben ist.

unzweifelhaft erkennen, daß der elektrische Strom auf dem Gebiete der zentralen Licht-, Kraft- und Wärmeversorgung nicht als Sieger aus dem Wettstreit mit dem Leuchtgas hervorgegangen ist, daß vielmehr der verstorbene Geheimrat Dr. W. Oechelhaeuser richtig prophezeit hat, als er vor bald 30 Jahren[1]) vom elektrischen Licht sagte, es werde nun in den Ring der Lichtindustrie eintreten, aber »nur als eine friedliche Ergänzung!«

Der Gedanke, es müsse nun wohl bald ein Abflauen oder gar ein Stillstehen in der Anschlußbewegung bei den Gaswerken eintreten und dann würden die Elektrizitätswerke rasch nachkommen und mit Hilfe der soeben auf den Markt kommenden neuen Metallfaden-Glühlampen von niedrigem Stromverbrauch die ältere Industrie überflügeln, hat für denjenigen, der die Verhältnisse richtig kennt und beurteilt, vorderhand keinerlei Berechtigung. Daß die Versorgungsgebiete der deutschen Gasanstalten vielmehr noch auf viele Jahre hinaus aufnahmefähig und erweiterungsfähig sind, erhellt u. a. aus folgenden Tatsachen und Erwägungen:

1. Der Gasverbrauch pro Einwohner des versorgten Gebiets und Jahr beträgt bisher nur in wenigen deutschen Städten mehr als 100 cbm, in den Großstädten zumeist nur zwischen 70 und 90 cbm, in den Mittelstädten zumeist nur zwischen 50 und 70 cbm. In vielen Städten des Auslands, namentlich in England, Frankreich und den Vereinigten Staaten, ist hingegen ein Jahresabsatz von 200, 250, ja selbst 300 und noch mehr Kubikmetern[2]) zum Teil schon längst, zum Teil in jüngster Zeit erreicht, ohne daß irgendwelche besonderen Umstände vorlägen, die es uns unmöglich machten, den Gasabsatz auf ähnliche Höhe zu steigern. Der Hinweis auf die billigeren Gaspreise Englands ändert daran nichts; denn wenn auch London, wo das Gas zurzeit nur 7 bis 9 Pf. pro cbm kostet, eine Jahres-

---

[1]) Journ. f. Gasbel. 1877, S. 441.

[2]) Die höchste dem Verfasser dieser Abhandlung bekannt gewordene relative Jahresabgabe hat die Gasgesellschaft in Newcastle o. T. mit ziemlich genau 400 cbm pro Kopf im Jahre 1904 erreicht; die Gasanstalt in Birmingham brachte es im gleichen Jahre auf 355 cbm.

abgabe von 225 cbm pro Kopf und Jahr (1904) aufweist, während in Berlin mit seinem Einheitspreis von 12,35 Pf. im selben Jahr nur 125 cbm pro Einwohner abgegeben wurden, so betrug doch in Paris der jährliche Verbrauch schon im Jahre 1891 über 127 cbm, als das Gas daselbst noch 24 Pf. kostete. Der elektrische Wettbewerb, der in Newyork, Paris, London usw. zum Teil schon seit längerer Zeit und jedenfalls in mindestens ebenso scharfer Form besteht wie in Berlin, Hamburg, Breslau, Dresden usw., hat die Erreichung so hohen relativen Gasverbrauchs nicht hindern können.

2. Die Gasabgabe durch Gasautomaten ist in Deutschland noch sehr wenig entwickelt. Die städtischen Gaswerke in Berlin hatten zuletzt (am 31. März 1906) neben 190804 gewöhnlichen Gasmessern erst 27063 Gasautomaten. Dagegen hatten die drei grofsen Londoner Gasgesellschaften Ende 1904 neben 383441 gewöhnlichen schon **396009** automatische Gasuhren.

3. Es werden dem Gase durch Erfindungen und Verbesserungen stets noch weitere Absatzgebiete erschlossen. Die Warmwasserversorgung ganzer Häuser und einzelner Stockwerke durch selbsttätige Erhitzer mit Gasfeuerung[1]), die sich soeben einzuführen beginnt, ist z. B. ein sehr aussichtsvolles neues Absatzgebiet, auf dem ein elektrischer Wettbewerb wirtschaftlich unmöglich ist.

4. Die noch nicht mit Licht, Kraft und Wärme zentral versorgten kleinen Städte, Flecken und Dörfer geben schon seit längeren Jahren zumeist und mit Recht dem Gase den Vorzug vor der Elektrizität. Nach der letzten Zusammenstellung der E. T. Z. (1906, S. 188, Tabelle 5) ist die Anzahl der neuen elektrischen Zentralen seit 1900 stetig zurückgegangen, von 144 auf 40 jährlich; dagegen hat, nach Aufzeichnungen des Verfassers, die Zahl der neuen Gasanstalten in der gleichen Zeit stets zwischen 70 und 80, zuletzt sogar 87 betragen. In letzter Zeit ist insbesondere der Bau gemeinsamer Gasanstalten durch Verbände mehrerer Gemeinden und der Anschlufs kleinerer Orte an die Gasanstalten gröfserer Nachbarorte stark in Aufnahme gekommen; auch die Hochdruck-Fernleitungen brechen sich mehr und mehr Bahn. Man

---

[1]) Näheres über diese neue Anwendung des Gases enthält die unter diesem Titel vor kurzem bei R. Oldenbourg in München erschienene Broschüre von Fr. Schäfer.

darf erwarten, daſs in den nächsten Jahren die Gasversorgung der kleinen Gemeinden allenthalben groſse Fortschritte machen wird.

Es könnte nun allerdings eingewendet werden, bisher sei neben den abgegebenen Energiemengen stets nur die Anzahl der angeschlossenen Gas- bzw. Elektrizitätszähler in Vergleich gestellt worden; man müsse statt dessen die Zahl der vorhandenen Flammen bzw. Lampen, Motoren, Kocher, Öfen, Apparate usw. in Betracht ziehen. Dagegen ist zunächst zu sagen, daſs für die Beurteilung der Gefährlichkeit eines Energieträgers die Zahl der Grundstücke, Gebäude oder Wohnungen, in die er gelangt, bzw. die Zahl der Abnehmer, die damit umzugehen haben, weit mehr ins Gewicht fallen muſs, als die Zahl der Auslässe usw. beim einzelnen Abnehmer. Überdies würde für einen Vergleich der Flammenzahl das Zahlenmaterial von den Gasanstalten fehlen, da diese in der Regel nicht, wie die Elektrizitätswerke, ihre wirklichen Anschluſswerte ermitteln und veröffentlichen, sondern nur die nominellen (Gasmesser-) Flammenzahlen, die bekanntlich sehr weit hinter der Wirklichkeit zurückbleiben.[1] Ferner sind weder die Normalflammen bzw. Normallampen des Gases und der Elektrizität, noch die verbreitetsten wirklichen Brenner und Lampen einander gleichwertig; vielmehr repräsentiert die normale Gasmesserflamme einen stündlichen Energieverbrauch von 780 WE, die elektrische Normallampe hingegen einen solchen von nur 43 WE; ein gewöhnlicher Auerbrenner übertrifft an Leuchtkraft die gewöhnliche 16 kerzige Glühbirne um das Vier- bis Fünffache, und beim Gasmotor rechnet man heute den Anschluſswert der nominellen Pferdekraft gleich 5 bis höchstens 8 Normalflammen, beim Elektromotor hingegen gleich 18 Normallampen. Da wäre es doch für die Beurteilung der relativen Gefährlichkeit sicherlich ungerecht, z. B. bei einer Anlage mit einem 20 pferdigen Elektro-

---

[1] Die Deutsche Continental-Gas-Gesellschaft lieſs vor einigen Jahren einmal auſser der Gasmesserflammenzahl auch die wirkliche Zahl der Flammen, Kocher usw. ermitteln; dabei stellte sich diese um reichlich die Hälfte höher, als jene. Hinter einer 5 flammigen Gasuhr findet man ja oft genug 10—12 Flammen angeschlossen.

motor eine ebenso grofse Wahrscheinlichkeit und Häufigkeit von Kurzschlüssen und sonstigen Schäden anzunehmen, als bei einer ausgedehnten Beleuchtungsanlage mit 360 auf verschiedene Räume verteilten Glühlampen. Schliefslich wäre auch eine Vergleichung der Flammenzahl für den vorliegenden Zweck schon deshalb zur Erlangung eines [richtigen Urteils ungeeignet, weil bekanntlich die durchschnittliche jährliche Benutzungsdauer (Brennstundenzahl) bei Gasanlagen wesentlich gröfser ist, als bei elektrischen[1]): es wird aber niemand der Benutzungsdauer einen Einflufs auf die Unfallsmöglichkeit absprechen und z. B. einen Gasmotor, der jährlich 1200 Betriebsstunden hat, einem Elektromotor, der nur 400 Stunden lang läuft, gleichstellen wollen!

Dafs übrigens sowohl die nominelle wie die wirkliche Gasflammenzahl ein Vielfaches der elektrischen Normallampenzahl beträgt, ist leicht darzutun: In der letzten ›Zusammenstellung‹ der E. T. Z. (1906, S. 188, Tabelle 4) ist für die sämtlichen elektrischen Zentralen Deutschlands ein umgerechneter Anschlufswert von insgesamt 13 108 542 Normallampen nachgewiesen, wovon 6 301 718 Glühlampen. Diese Summen können als ziemlich vollständig angesehen werden, da nur sehr wenige und zumeist kleine Zentralen die Einzelwerte nicht mitgeteilt hatten. Nun wurde aber der Anschlufswert der deutschen Gaszentralen schon für Ende 1899 auf mindestens 16 000 000 Normalflammen veranschlagt[2]), und die 1¹/₂ Million Gaszähler, die laut Schaubild Fig. 734 seither in Deutschland zur Eichung und darnach natürlich auch zur Aufstellung gelangten, bedeuten allein über 13 000 000 nominelle oder etwa 20 000 000 wirkliche neue Flammen, die vielen Laternenflammen nicht mitgerechnet. Es ist also auch hier, trotz all der oben erwähnten, dem Gas ungünstigen Umstände, der Zuwachs allein bei den Gaswerken gröfser als der gesamte Anschlufswert bei den elektrischen Zentralen. Einzelangaben aus vielen Grofs- und Mittelstädten bestätigen diese Regel; um nur ein Beispiel anzuführen,

---

[1]) Die durchschnittliche Benutzungsdauer beträgt bei Gasflammen zumeist über 500, oft bis 600 und mehr, bei elektrischen Lampen zumeist nur zwischen 300 und 400 Stunden im Jahr.

[2]) Vgl. Schäfer, Die Wärme- und Kraftversorgung deutscher Städte durch Leuchtgas, S. 9.

sei wieder auf Berlin verwiesen, wo zuletzt ein Anschlufswert von 1,78 Millionen Normallampen bei den Elektrizitätswerken einem solchen von 3,6 Millionen bei den Gaswerken gegenüberstand und der Zuwachs der letzteren seit dem Jahre 1890 rund $2^1/_2$ Millionen Flammen betrug.

Weiterhin könnte der Einwand erhoben werden, dafs in den Schaubildern und Tabellen und im vorstehenden Absatz nur die Verhältnisse der elektrischen Zentralen berücksichtigt seien; man müsse aber aufserdem die zahlreichen elektrischen Einzelanlagen in Fabriken, Warenhäusern, Krankenhäusern, Hotels, auf Bahnhöfen, Schiffen usw. in Betracht ziehen. Dieser Einwand ist in gewissem Grade berechtigt, und es soll ihm daher nach Möglichkeit Rechnung getragen werden. Eine Gesamtstatistik über die Zahl und den Umfang der elektrischen Einzelanlagen in Deutschland liegt nun allerdings seit längerer Zeit nicht mehr vor, wohl aber zahlreiche Teilangaben aus verschiedenen gröfseren und mittleren Städten, woraus übereinstimmend hervorgeht, dafs die elektrischen Einzelanlagen, die noch vor zwölf Jahren in der Regel gröfsere Anschlufswerte aufweisen konnten, als die elektrischen Zentralen[1]), heute in den Städten allenthalben von diesen weit überflügelt sind und dafs auch ihre Zahl nicht mehr in dem früheren Mafse zunimmt.

Während z. B. in Berlin anfangs 1894 nach der Statistik von Dr. Bunte und Dr. Rasch noch zwei Fünftel der überhaupt vorhandenen elektrischen Lampen aus Einzelanlagen gespeist wurden, waren es Ende März 1905 nach der von den Revierinspektionen der städtischen Gaswerke alljährlich ausgeführten Zählung nur noch 25 % der Gesamtzahl. Die Zahl der Einzelanlagen hat sich zwar in Berlin, wie anderwärts, noch vermehrt,

---

[1]) Vgl. die Zusammenstellung ›Zur Statistik über die Verbreitung des elektrischen Lichtes im Versorgungsgebiet deutscher Gasanstalten‹, 1894, bearbeitet von Dr. H. Bunte und Dr. G. Rasch, sowie des Letzteren Vortrag ›Über die Verbreitung des elektrischen Lichtes im Versorgungsgebiete der Gasanstalten‹, Journ. f. Gasbel. 1894, S. 593. Das Hauptergebnis der damaligen Ermittelungen war, dafs nur 25 % aller installierten Lampen usw. von Zentralen, 75 % dagegen von Einzelanlagen gespeist wurden.

aber lange nicht in dem Mafse, wie die Zahl der Anschlüsse an die elektrischen Zentralen.

In den zehn deutschen Versorgungsgebieten der Deut- schen Continental-Gas-Gesellschaft (Dessau, Erfurt, Potsdam usw.) ermitteln Beamte der Gasanstalten alljährlich die Zahl und den Umfang der elektrischen Einzelanlagen. Die so gewonnenen Ziffern lassen seit geraumer Zeit ein viel lang- sameres Wachsen der Einzelanlagen als der elektrischen Zentralen erkennen; zuletzt, Ende 1905, hatten die letzteren im ungün- stigsten Falle einen doppelt so grofsen, in der Regel aber einen drei bis vier Mal so grofsen Anschlufswert als die Einzelanlagen.

Die einzige dem Verfasser bekannte deutsche Stadt, wo die Einzelanlagen zusammen noch einen gröfseren Anschlufswert haben als die elektrische Zentrale, ist Leipzig[1]), wo Ende 1904 die Zentrale ∞76 000 KW, die Einzelanlagen ∞87 000 KW im An- schlufs hatten. Doch wuchs auch in Leipzig seit mehreren Jahren der Anschlufswert der Zentrale schneller als derjenige der Einzel- anlagen und wird ihn wohl jetzt erreicht oder überflügelt haben. Für den Zweck der vorliegenden Arbeit ist es bemerkenswert, dafs die Zahl der mit Elektrizität versorgten Grund- stücke durch die Einzelanlagen bei weitem nicht in dem Mafse vermehrt wird, wie man etwa nach ihrer Flammen- zahl vermuten könnte; in Leipzig waren es zuletzt ∞390 An- lagen, während die Zentrale 971 Grundstücke mit insgesamt 1570 Konsumenten versorgte. Die Einzelanlagen können also in den Städten das Verhältnis der Stromabnehmerzahl zur Gas- abnehmerzahl, wie es im Schaubild Fig. 3 dargestellt ist, nicht sehr merklich verschieben. Allein die städtischen Gaswerke[2]) in Leipzig hatten ja zuletzt rund 40 000 Abnehmer!

Den besten Anhaltspunkt zur Beurteilung des Verhält- nisses von Zahl und Umfang der elektrischen Einzelanlagen in Stadt und Land zur Zahl und zum Anschlufswert der Zentralen liefert die alljährlich vom Königlichen Statistischen Landesamt in Berlin veranlafste Zusammenstellung über die in Preufsen zur Erzeugung von elektrischem

---

[1]) Vgl. die Betriebsberichte der (zwei städtischen) Gasanstalten zu Leipzig.

[2]) Ein grofser Teil von Leipzig wird bekanntlich von der Thüringer Gasgesellschaft aus drei Gasanstalten mit Gas versorgt.

Strome verwendete Dampfkraft, deren zuletzt erschienene, in der »Stat. Korresp.« veröffentlichte, den Stand vom 1. April 1905 wiedergibt. Danach dienten an diesem Tage 4217 Dampfmaschinen mit 672 943 PS lediglich, sowie 1462 Maschinen mit 116 038 PS teilweise zum Antrieb stromerzeugender Maschinen, zusammen also 5679 Dampfmaschinen mit 788 981 PS zur Umformung mechanischer in elektrische Energie. Von diesen rund 790 000 PS entfällt, wie die auf denselben Tag bezogene letzte »Zusammenstellung« der E. T. Z. (1906, S. 141 u. ff.) zu ermitteln gestattet, ziemlich genau die Hälfte auf elektrische Zentralen; denn in dieser Zusammenstellung sind ∿400 in Preußen gelegene Zentralen aufgezählt, die ganz oder teilweise mit Dampfkraft arbeiten, und die gesamte Normalleistung ihrer Maschinen, mit Einschluß der Reserven, wird zu 260 000 KW angegeben, d. i., das KW zu 1,5 PS gerechnet, **390 000 PS.** Bringt man also, was sicher zu hoch gerechnet ist, für die Einzelanlagen denselben Anschlußwert in Normallampen pro PS in Ansatz, wie er bei den Zentralen besteht, so würde sich der umgerechnete Anschlußwert der mit Dampfmaschinen arbeitenden Einzelanlagen in Preußen ungefähr ebensohoch stellen, wie derjenige der Zentralen. Da nun bekanntermaßen Dampf die weitaus verbreitetste Kraftquelle für die Gewinnung von Elektrizität ist (vier Fünftel, 411 716 von 517 494 KW, von der in der letzten »Zusammenstellung« der E. T. Z. aufgeführten Leistungsfähigkeit der Maschinenaggregate beruhen auf Dampfkraft) und da kein Grund zu der Annahme vorliegt, daß die andern Kraftquellen (Wasser, Gas, Erdöl usw.) bei Einzelanlagen verhältnismäßig mehr angewendet werden, als bei Zentralen[1]), und ebensowenig anzunehmen ist, daß in den andern deutschen Bundesstaaten die Dinge wesentlich anders liegen, als in Preußen, so darf das aus den statistischen Zusammenstellungen gewonnene Ergebnis wohl verallgemeinert und gesagt werden: Die elektrischen Einzelanlagen in Deutschland besitzen zurzeit insgesamt einen ungefähr ebensogroßen An-

---

[1]) Den Beweis hierfür erbrachte die erwähnte Statistik von Dr. Bunte und Dr. Rasch.

schlufswert, wie die elektrischen Zentralen zusammen. Die Gesamtzahl der (umgerechneten) elektrischen Normallampen in Deutschland kann daher auf etwa 26 Millionen veranschlagt werden (∞ 13 Millionen nachgewiesen bei den elektrischen Zentralen, ∞ 13 Millionen geschätzt bei den Einzelanlagen).

Nun ist aber zu berücksichtigen, dafs es auch auf Seiten des Gases Einzelanlagen gibt, und zwar sehr viele und zum Teil sehr umfangreiche. Es bestehen in Fabriken, Bergwerken und Hüttenwerken zahlreiche nur für den eigenen Bedarf arbeitende Steinkohlengasanstalten[1]), von denen manche eine sehr ansehnliche Jahresproduktion (mehrere Millionen Kubikmeter!) aufweisen, ferner in Kurhäusern, Landgütern, Schlössern, Kleinstädten usw. zurzeit schon mehrere tausend Luftgasanlagen (Aërogen-, Benoidgas usw.), zum Teil mit namhaften Anschlufswerten (bis und über 1500 Flammen), dann an ähnlichen Plätzen Azetylenanlagen (nach Angaben des Azetylenvereins anfangs 1906 schon 28000 Anlagen), zahlreiche Fettgasanstalten und mit Fettgas beleuchtete Fahrzeuge, überdies eine Reihe von Wassergasanlagen und vor allem die grofse Zahl der namentlich zur Kraftgewinnung benutzten Druck- und Sauggasanlagen der verschiedenen Spielarten. Alle diese Gasanlagen dürfen bei der Beurteilung der tatsächlichen Feuersgefährlichkeit des Gases nicht unberücksichtigt bleiben, weil die Feuerversicherungsgesellschaften und -Sozietäten in ihren Statistiken keine Unterscheidung der einzelnen Gasarten vorzunehmen pflegen. Wie grofs die wirtschaftliche Bedeutung dieser Einzelanlagen ist, kann u. a. nach der Tatsache beurteilt werden, dafs nach einer auf Mitteilungen nur der allerbekanntesten Gasmotorenfabriken beruhenden Schätzung bisher in Deutschland etwa 26000 Sauggasanlagen mit einer gesamten Motorenleistung von über 350000 PS zur Aufstellung gekommen sind, wogegen die Gesamtleistung aller zuletzt an die elektrischen Zentralen angeschlossenen Elektro-

---

[1]) Vgl. die letzte Auflage von Schillings Statistischen Mitteilungen über die Gasanstalten Deutschlands, Österreich-Ungarns und der Schweiz; München 1896.

motoren nur 310428 PS betrug.[1]) Dabei sind die Sauggas-
motoren erst im Jahre 1900 auf den deutschen Markt gekommen, die Elektromotoren aber schon über zehn Jahre
früher!

Man kann somit wohl sagen, daſs die elektrischen Einzelanlagen nach Zahl und Umfang von den
Einzelanlagen der verschiedenen Gasarten über-
troffen oder doch mindestens aufgewogen werden.

Als Gesamtergebnis dieser statistischen Vergleichung
können für das Gebiet des Deutschen Reiches folgende Sätze
aufgestellt werden:

1. Das Gas ist ein sehr viel weiter verbreiteter Energieträger,
als der elektrische Strom. Es gelangt nach vorsichtiger
Schätzung an mindestens acht mal so viele einzelne
Verbrauchsstellen (Grundstücke, Gebäude, Wohnungen,
Fahrzeuge usw.), als die Elektrizität.

2. In Form von Gas wird sehr viel mehr Energie verteilt,
als in Form von Elektrizität, nach vorsichtiger Schätzung
mindestens zehn mal so viel.

3. Sowohl die Ausbreitung, wie die Energieabgabe wächst zurzeit beim Gas in erheblich stärkerem Maſse, als beim elektrischen
Strom.

Nach diesen für einen möglichst gerechten Vergleich
notwendigen Feststellungen soll nun eine Reihe vergleichen-
der Statistiken über die durch Gas, in erster Linie
durch Leuchtgas, und durch Elektrizität verursachten Brandschäden, Unfälle und Todesfälle ein Urteil über die absolute
und die relative »Gefährlichkeit« der beiden Energieträger
ermöglichen. Es muſs aber auch hier vorausgeschickt werden,
daſs umfassende, in jeder Hinsicht einwandfreie und zuver-
lässige Statistiken, die einen ganz genauen Vergleich ermöglichen würden, auch über diese Gebiete nicht vorliegen. Ein

---

[1]) Nach K. Reinhardt waren auſserdem anfangs 1906 auf
deutschen Hüttenwerken und Kohlenzechen schon gegen 400 Gicht-
gas- und Koksofengasmaschinen mit zusammen über 415000 PS
im Betrieb bzw. in der Aufstellung begriffen; vgl. Stahl und Eisen,
1906, S. 907.

ungefähr richtiges Bild lassen jedoch auch die unvoll-
kommenen Zusammenstellungen und die Teilergebnisse gewinnen. Mehr ist aber auch für ein allgemein auszusprechendes
Urteil gar nicht nötig!

Was zunächst die Feuersgefahr angeht, so wird das
Gas zwar von einem grofsen Teile der Laienwelt, der Tagespresse und der Elektriker stets als »sehr gefährlich« betrachtet und bezeichnet, dafür aber von kompetenterer,
weil finanziell interessierter und über die Anzahl der Brände
und deren Ursachen bestunterrichteter Seite, nämlich von den
Feuerversicherungsinstituten, schon seit langer Zeit
viel günstiger beurteilt und behandelt. Alle in Deutschland
arbeitenden Feuerversicherungsgesellschaften vergüten nämlich
nach ihren Bestimmungen gegen die gewöhnlichen Prämiensätze sowohl bei Mobilien wie bei Immobilien nicht nur
Brandschäden, sondern auch blofse Explosionsschäden
(Zertrümmerungen ohne Entflammung), die durch Leucht-
und Heizgas verursacht werden. Da die Prämiensätze für
die Übernahme der verschiedenen Brandschadenrisiken nicht
willkürlich bestimmt sind, sondern auf langjährigen, ausgedehnten Erfahrungen beruhen, so liegt in der auch bei den
Feuersozietäten bestehenden Berechnungsweise das An-
erkenntnis, dafs die Versorgung eines Gebäudes mit
Gas das Brand und Explosionsschadensrisiko nicht
vermehrt.

Welche Wandlung das Urteil der in dieser Frage doch
in erster Linie zuständigen Feuerversicherungsunternehmungen
in bezug auf die Feuersicherheit elektrischer Anlagen im
Laufe zweier Jahrzehnte durchgemacht hat, mag durch einige
Zitate aus verschiedenen Zeiten beleuchtet werden:

1. In der ersten Veröffentlichung der Deutschen Edison-
Gesellschaft (»Das Edison-Glühlicht und seine Bedeutung für
Hygiene und Rettungswesen«, Berlin, 1883) wird schon mit Ge-
nugtuung darauf hingewiesen, »dafs nun auch die Feuerversicherungsgesellschaften anfangen, sich von
der grofsen Feuersicherheit der elektrischen Glüh-
lichtbeleuchtung zu überzeugen«, und wird die Er-
wartung ausgesprochen, dafs sie »nun hoffentlich bald

allgemein die Prämien bei Anlagen mit Glühlicht-
beleuchtung herabsetzen werden«. Zur Begründung
dessen wird auf ein Zirkular der Magdeburger Feuerversicherungs-
Gesellschaft hingewiesen, welches die elektrische Beleuchtung
überaus günstig beurteilt und in dem Satze gipfelt, sie gewähre
»Feuersicherheit in so vollkommenem Grade«,
»dafs sich mit ihr keine andere Beleuchtungsart
auch nur entfernt messen kann«.

2. Die erwartete und oft beanspruchte Herabsetzung
der Versicherungsprämie bei Einführung elektrischer
Beleuchtung ist aber vorsichtigerweise nie gewährt worden.
Im Jahre 1896 verweigerte sie die Direktion der landwirtschaft-
lichen Brandkasse in Hannover einem Interessenten mit der
Begründung, dafs »die Frage der gröfseren Feuersicherheit elektrischer Beleuchtung noch keineswegs als entschieden
zu gelten habe. »Jedenfalls sei die in der Fachpresse veröffentlichte Zahl der Fälle, in denen durch sogenannte Kurzschlüsse
und andere unvorhergesehene Vorkommnisse an elektrischen
Lichtanlagen Brände entstanden seien, so grofs, dafs die Brandkasse von einer Ermäfsigung der Beiträge für Gebäude mit elektrischer Beleuchtung vorläufig noch absehen müsse«.

3. Im Jahre 1898 beschlofs die Vereinigung der öffentlichen
Feuerversicherungsanstalten (Sozietäten) in Deutschland, eine
Eingabe an den Reichskanzler zu machen mit der Bitte,
die Herstellung elektrischer Anlagen an eine polizeiliche Ge-
nehmigung zu knüpfen und ihren Betrieb einer staatlichen Überwachung zu unterwerfen. Ein Jahr darauf machte der Verband
der Feuerversicherungsgesellschaften in einer Eingabe an den
Bundesrat auf die »unverhältnismäfsige Zunahme« der Brände
bei elektrischen Anlagen aufmerksam.

4. Im Jahre 1901 erhielt die Deutsche Continental-Gas-Gesellschaft auf die Anfrage, ob wirklich (wie von einem Wander-
redner in ihrem Interessengebiet wiederholt behauptet worden
war) bei Ersatz der Gasbeleuchtung durch elektrische eine Ermäfsigung der Prämien gewährt werde, von einer der gröfsten
deutschen Feuerversicherungsgesellschaften den bündigen Be-
scheid, dafs sie nicht nur unter keinen Umständen eine
Ermäfsigung zugestehen könne, sondern vielmehr von einer
Erhöhung der Prämiensätze nur dann Abstand nehme,
wenn die Anlage nach den Vorschriften und Bestimmungen des Verbandes deutscher Feuerver-

sicherungsgesellschaften ausgeführt sei und behandelt werde!

Diese sehr umfangreichen und eingehenden Vorschriften,
die im Jahre 1893 zuerst herausgegeben und seither wiederholt ergänzt wurden, zeigen, daſs die Feuerversicherungsgesellschaften durch Schaden klug geworden sind und an das
Märchen von der Feuersicherheit elektrischer Anlagen längst
nicht mehr glauben. Man hat ihnen diese Stellungnahme oft
als Feindseligkeit gegen die Elektrizität ausgelegt, namentlich
weil sie für Leuchtgasanlagen keinerlei besondere Vorschriften
und Bedingungen über die Auswahl und Anordnung der
Brenner, Apparate, Leitungen usw. erlassen haben. Bei ge-
rechter Würdigung der tatsächlichen Verhältnisse kann man
es ihnen jedoch nicht verübeln, daſs sie das neue Risiko,
das durch den Einbau elektrischer Leitungen und Einrichtungen
in ein Gebäude zu dem sonst schon vorhandenen hinzutritt,
nicht ohne weiteres mit übernehmen wollen. In der weitaus
überwiegenden Mehrzahl der Fälle bildet nämlich das elektrische Licht keineswegs einen völligen Ersatz, sondern nur
eine Ergänzung der Gas-, Petroleum- und Kerzenbeleuchtung,
und selbst da, wo wirklich nur elektrisches Licht benutzt
wird, ist doch das Gas selten ganz verdrängt; man verwendet
es als Reservebeleuchtung, ferner zum Kochen und zum
Heizen. Von der Richtigkeit dessen kann man sich in allen
Groſsstädten beim Besuch von Hotels, Ladengeschäften,
Fabriken, Villen usw. leicht überzeugen: Die Hotels haben
elektrisches Licht in den Fremdenzimmern, aber Gas oder
wenigstens auch Gas in den Speisesälen, Lesezimmern, Korri-
doren; die Läden sind sowohl mit Gas- wie mit elektrischem
Licht versehen[1]) und benutzen beides, viele freilich das elektrische Licht nur in der Weihnachtszeit; in den Fabriken, z. B.
in denen elektrischer Glühlampen, ist Gas sozusagen unent-
behrlich; die besseren Mietshäuser und die Villen haben zwar in
einigen Zimmern elektrisches Licht, sonst aber Gaslicht und
in den Küchen Gasherde, in den Badezimmern Gasbade-

---

[1]) Bekanntlich liefern fast alle Fabriken von Beleuchtungs-
gegenständen Kronleuchter, Wandarme usw. für »kombinierte
Beleuchtung« (Gas- und elektrisches Licht).

öfen, in den zumeist gebrauchten Zimmern wohl auch Gas-
heizöfen.

Einen interessanten Beleg für diese Ausführungen veröffentlichte vor kurzem die Imperial Continental Gas Association zu
Berlin in ds. Journ. 1906, Nr. 18, S. 397 bis 402 und Nr. 24,
S. 521; auch ›Journal of Gas Lighting‹ (1906, I, S. 349): In
dem von ihr mit Gas versorgten großen Berliner Vorort Wil-
mersdorf sind von 1473 Häusern, die im Jahre 1905 erstellt
wurden, nur 18 nicht mit Gasanschluß versehen; aber nur 611
sind mit Elektrizität versorgt. Demnach müssen fast alle mit Elektrizität versorgten Gebäude auch mit Gasleitungen ausgerüstet sein.

Es ist somit nicht zu bestreiten, daß die Feuerversicherungsinstitute bei Einrichtung elektrischer Anlagen in einem
Gebäude sehr oft ein vermehrtes Risiko zu tragen haben;
man kann es ihnen daher auch nicht verdenken, daß sie auf
Grund ihrer Erfahrungen die Einhaltung gewisser Bedingungen
als Gegenleistung fordern.

Nun liegen von beiden großen Gruppen der in Deutsch-
land arbeitenden Feuerversicherungsinstitute, nämlich dem
Verband der 18 Privatfeuerversicherungsgesellschaften
(Sitz in Berlin) und dem Verband der z. Z. 36 öffentlichen
Feuerversicherungsanstalten (›Sozietäten‹, Sitz in Merse-
burg) Statistiken über die Ursachen der bei ihnen zur
Anmeldung kommenden Brandfälle vor; diejenigen der
Gesellschaften waren regelmäßig in ganz ausführlicher Form
veröffentlicht im Neumannschen ›Vereinsblatt für Deutsches
Versicherungswesen‹ und werden noch von Zeit zu Zeit wenigstens teilweise bekanntgegeben in der ›Zeitschrift für Versicherungswesen‹; diejenigen der Sozietäten finden sich in
den Jahrgängen der ›Mitteilungen für die öffentlichen Feuerversicherungsanstalten‹. Auf Angaben, die diesen Quellen
entnommen wurden, beruhen die beiden Schaubilder Fig. 5
und Fig. 6, worauf der Anteil mehrerer Brandursachen
an der Entstehung der alljährlich vorgekommenen Schadenfeuer übersichtlich und leicht vergleichbar dargestellt ist. Alle
Brandursachen zu veranschaulichen, erschien schon aus Rück-
sicht auf den Raum nicht angängig.

In Fig. 5 sind (nach dem ›Vereinsbl. f. Deutsch. Versich.‹
1902, S. 77 u. ff.) einige Rubriken aus der Brandursachen-

statistik der Versicherungsgesellschaften für die Jahre 1899
und 1900 graphisch dargestellt und zwar aufser der jeweiligen
Anzahl der durch Gas und durch Elektrizität verursachten
Brandfälle auch diejenige der auf Spiritus- und auf Mineralölexplosionen und auf mit Streichhölzern spielende
Kinder zurückgeführten. Es ist jeweils unterschieden zwischen
erwiesenen und mutmafslichen Fällen; durch besondere

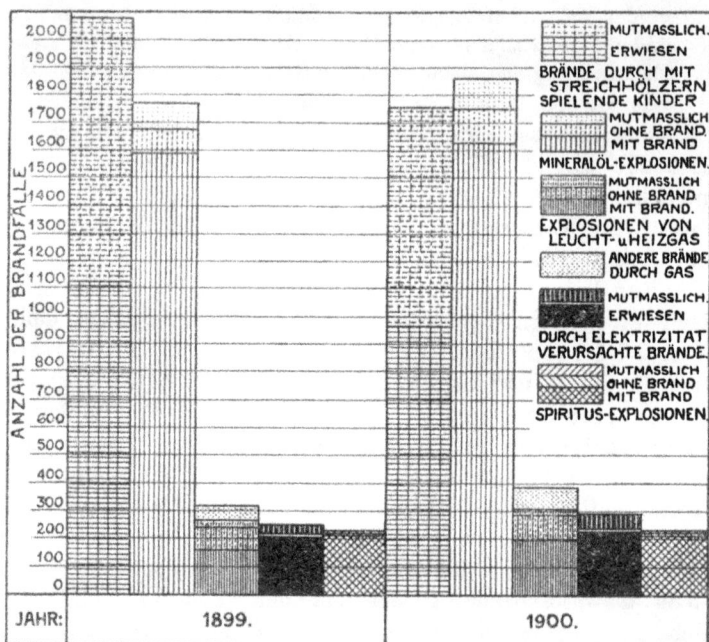

Fig. 5.
Aus der Brandursachenstatistik der deutschen Feuerversicherungsgesellschaften.

Schraffur gekennzeichnet sind aufserdem bei den Explosionen
von Mineralöl, Spiritus und Heiz- und Leuchtgas die ohne
Brand verlaufenen Fälle und ferner beim Gas die Brände,
die nicht durch Explosion, sondern durch sonstige Umstände
entstanden sind, z. B. durch strahlende Hitze brennender
Lampen, Zerspringen von Gläsern, Herabfallen von Blakern,
glühenden Tragstiften usw., undichte Gasleitungen, Abgleiten

oder Brüchigwerden von Gummischläuchen, Herausschlagen der Flammen aus Kochern u. a. m. Das Bild bedarf kaum eines Kommentars; man sieht ja auf den ersten Blick, daſs in beiden Jahren die Zahl der erwiesenermaſsen durch Elektrizität und der durch Spiritusexplosionen verursachten Brandfälle gröſser war als die der Gasexplosionen mit nachgefolgtem Brand, daſs überhaupt die Gesamtzahl der durch Gas verursachten Brände (nach Abrechnung der ohne Brand verlaufenen Explosionen) kleiner war als die Zahl der erwiesenen und mutmaſslichen Brände infolge von Kurzschluſs und andern Vorkommnissen in elektrischen Anlagen; man sieht aber auch, daſs die Anzahl der auf Gas und auf Elektrizität zurückgeführten Schadenfeuer an sich, im Vergleich mit der Häufigkeit der durch andere Ursachen entstandenen Brände, sehr klein ist. Dies würde noch weit mehr ins Auge fallen, wenn auſser den durch Mineralölexplosionen und durch mit Streichhölzern spielende Kinder verschuldeten Bränden auch noch die durch vorsätzliche und fahrlässige Brandstiftung, durch Blitzschläge und durch fehlerhafte oder schadhafte Heizanlagen entstandenen mit dargestellt worden wären. Soweit es sich um erwiesene Fälle handelt, stellten sich die genauen Zahlen der dem Schaubild zugrunde liegenden Vorkommnisse folgendermaſsen:

		1899	1900
Anzahl der Brandschäden durch	mit Streichhölzern spielende Kinder unter zwölf Jahren	1125	963
	Explosionen von Mineralöl	1589	1627
	elektrische Fehlwirkungen	204	226
	Explosionen von Spiritus	207	207
	Explosionen von Leucht- und Heizgas	158	199

Zu beachten ist hierbei, daſs, wie bereits erwähnt, unter ›Leucht- und Heizgas‹ keineswegs nur das von Zentralen aus verteilte Steinkohlengas zu verstehen ist, sondern daſs auch Explosionen von Azetylen, Generatorgas, Luftgas, Ölgas u. dgl., ja sogar von ›Gas selbst erzeugenden‹ Lötlampen mitgezählt sind; ferner, daſs die Mineralölexplosionen, worunter natürlich in erster Linie Erdölexplosionen zu verstehen sind, zuletzt über acht mal, im Jahre 1899 sogar über zehn mal so viele Schadenfeuer verursachten als die Gasexplosionen, obwohl schon damals in Deutschland dem Geldwerte nach weniger Petroleum und Benzin zur Beleuchtung, Heizung und Kraftgewinnung verwendet wurde als Steinkohlengas; schließlich, daß sicher nur wenige durch Gasexplosionen verursachte Brandfälle nicht auch als solche verzeichnet sind, während zweifellos von den vielen Bränden, deren Ursache unermittelt blieb, noch manche durch elektrische Vorgänge verschuldet sind. Denn es ist ein großer Unterschied in der Art, wie Brände durch Gas und durch Elektrizität entstehen: Die Brandstiftung durch Gas erfolgt zumeist im Beisein und selten ohne Zutun des Menschen, mit einem mehr oder minder lauten Knall; die durch Elektrizität in aller Stille, oft an Stellen, wo niemand je eine Gefahr vermutet hätte, außerhalb der Betriebszeit und ohne Gegenwart von Zeugen!

Bedauerlicherweise ist die hier benutzte Statistik in der wertvollen ausführlichen Form für spätere Jahre als 1900 nicht wieder veröffentlicht worden; sie wird nach einer Mitteilung des Ausschusses des Verbandes Deutscher Privatfeuerversicherungsgesellschaften vom Februar 1906 überhaupt nicht mehr geführt. Bekanntgegeben wurden seither nur noch folgende im Rahmen dieser Abhandlung verwertbare Aufzeichnungen:

	Jahr	1901	1902	1903	1904
Erwiesene Brände durch Kurzschluß und andere elektr. Vorgänge:		265	238	248	278.

Somit ist nur eine geringe absolute Zunahme dieser Brandfälle eingetreten, die mit der seither stattgefundenen Vermehrung der elektrischen Anlagen nicht entfernt gleichen Schritt gehalten hat. Relativ haben sich also die Brandstiftungen durch Elektrizität vermindert, und zwar ohne staatliche Überwachung der Anlagen!

In den letzten Jahren veröffentlichen die Gesellschaften aus ihren Statistiken besondere Auszüge über die durch Spiritusglühlicht verursachten Brandfälle. Im Jahre 1903 hatten sie deren 96, im Jahre 1904 sogar schon 208 zu verzeichnen. Angesichts der trotz aller Reklame und behördlicher Förderung[1]) doch verhältnismäfsig gering gebliebenen Verbreitung des Spiritusglühlichts bekunden diese Zahlen eine derart hohe Gefährlichkeit dieser Lichtart, dafs man sich unwillkürlich darüber wundert, dafs man dafür noch keine staatliche Überwachung für notwendig zu halten scheint. Aus dem Schaubild wird überhaupt jeder nachdenkliche Betrachter den Schlufs ziehen, dafs man weit eher die Mineralöllampen, die Streichhölzer und die damit spielenden Kinder der staatlichen Überwachung bedürftig erklären könnte, als die elektrischen Anlagen!

Das Schaubild Fig. 6, welches einige Rubriken aus der Brandursachenstatistik des Verbandes der Feuersozietäten darstellt, bestätigt in jeder wesentlichen Hinsicht die Erfahrungen der privaten Gesellschaften. Die geringfügigen Verschiedenheiten erklären sich ganz einfach daraus, dafs die Gesellschaften vorwiegend Mobilien, die Sozietäten vorwiegend Immobilien zu versichern haben. Es sind wieder, und zwar für die fünf Jahre 1897—1901[1]), die durch mit Streichhölzern spielende Kinder und die durch Mineralölexplosionen entstandenen Brandfälle neben den durch Gasexplosionen und den durch elektrische Vorgänge verursachten veranschaulicht. Es zeigt sich wieder, dafs die Anzahl der auf Gas bzw. Elektrizität zurückgeführten Schadenfeuer nur unwesentlich verschieden und sehr viel geringer ist als die Anzahl der Entzündungen durch Petroleumexplosionen, und geradezu verschwindend klein gegen die Anzahl der Brände, die mit Streichhölzern spielenden Kindern zur Last fällt.

Die absoluten Zahlen stellten sich in den einzelnen Jahren wie folgt:

---

[1]) Die behördliche Begünstigung des technisch und wirtschaftlich gleich minderwertigen Spiritusglühlichtes hat in manchen Fällen alles Mafs überschritten und andere Beleuchtungsarten, insbesondere auch die Gasbeleuchtung, sowie kommunale und andere Interessen stark geschädigt.

[1]) Weiter ist die mit grofser Sorgfalt aufgestellte und bearbeitete Statistik leider noch nicht veröffentlicht.·

Jahr:	1897	1898	1899	1900	1901
mit Streichh. spiel. Kinder:	967	1012	1128	1080	959
Explosionen von Mineralöl:	367	362	414	354	415
Explosionen von Leucht- und Heizgas:	67	68	65	57	87
Elektrizität:	22	25	51	42	73

(Links, vertikal: *Anzahl der erwiesenen Brandfälle durch*)

Die Gesamtzahl aller im Bereich der Sozietäten vorgekommenen Brände betrug in denselben Jahren:

16 950 17 133 18 947 18 316 19 941

Summiert man die Angaben, so entfallen von insgesamt 91 287 Bränden 5146 = 5,64 % auf Zündelei von Kindern und 1912 = 2,09 % auf Mineralölexplosionen, aber nur 344 = 0,38 % auf Explosionen von Leucht- und Heizgas und 213 = 0,23 % auf elektrische Vorgänge.

Beachtenswert ist in der vorstehenden Tabelle das Anschwellen der durch Elektrizität verursachten Brandfälle von

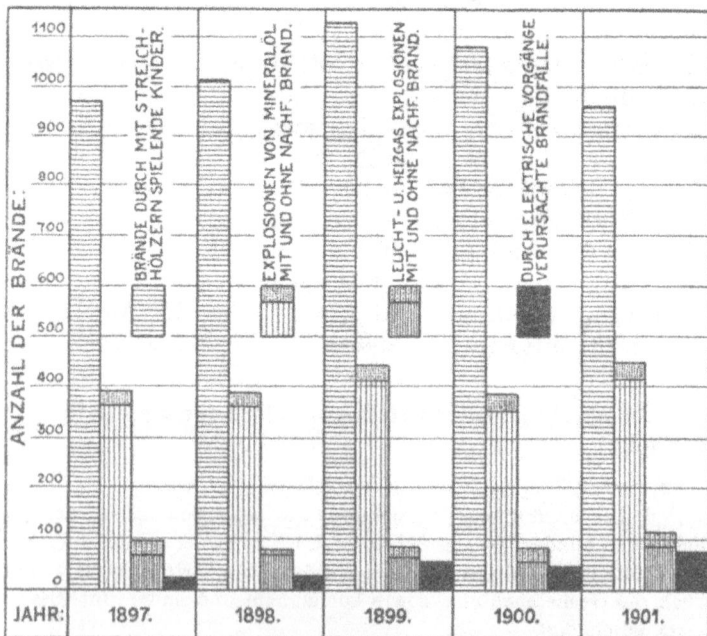

Fig. 6. Aus der Brandursachenstatistik des Verbandes der öffentlichen Feuerversicherungsanstalten.

22 auf 73, also um 232 %, dem bei den Bränden infolge Explosion von Leucht- und Heizgas nur eine Vermehrung von 67 auf 87, also um nur 30 %, gegenübersteht, obwohl, wie im ersten Hauptabschnitt dieser Abhandlung bewiesen wurde, die Ausbreitung des Gases in den fünf Jahren erheblich rascher erfolgte als die der Elektrizität.

Ferner ist zu berücksichtigen, dafs mit ›Leucht- und Heizgas‹ auch bei den Sozietäten keineswegs nur Steinkohlengas gemeint ist, sondern nachweislich auch anderes Gas (Azetylen, Generatorgas usw.), und dafs sogar Fälle in diese Rubrik verwiesen sind, bei denen, streng genommen, überhaupt kein ›Gas‹, sondern ein flüssiger Brennstoff im Spiele war, z. B. die Explosion eines ›Gasöl-Kochapparates‹ u. dgl.

Angesichts dessen erbringt die vorstehende Tabelle und das Schaubild Fig. 6 zusammen mit der zuvor behandelten Statistik der Feuerversicherungsgesellschaften den bündigen Beweis dafür, dafs durch Steinkohlengas in den letzten Jahren absolut genommen nur höchstens ebensoviele Schadenfeuer verursacht worden sind als durch Elektrizität, und wenn man die durch die Schaubilder Fig. 731 bis 734 und die beigegebenen Erläuterungen nachgewiesene vielfach grössere Verbreitung des Gases und die vielfach gröfsere in Gasform zur Verteilung kommende Energiemenge gehörig berücksichtigt, so leuchtet ohne weiteres ein, dafs die relative Feuersgefahr des ›ganz gewöhnlichen Leuchtgases‹ im Lichte statistischer Tatsachen erheblich geringer ist als die des elektrischen Stromes.

Nicht minder wichtig als diese Feststellung ist aber die aus den beiden Schaubildern leicht zu gewinnende Erkenntnis, dafs die Häufigkeit der durch Gas und durch Elektrizität verursachten Brandfälle überhaupt sehr gering ist, so gering, dafs man unschwer die völlige Nutzlosigkeit und Unwirtschaftlichkeit jeder behördlichen Überwachung vorhersagen kann.

In dieser Hinsicht bringen u. a. auch die ›Berichte über die Verwaltung der Feuerwehr und des Feuerwehrtelegraphen in Berlin‹ überaus wertvolles Material, wovon ein Teil im nachstehenden Schaubild Fig. 7 dargestellt ist und einige weitere Angaben in der auf S. 39 abgedruckten Tabelle vereinigt sind.

Das Schaubild stellt für die zehn Jahre 1895/96 bis 1904/05 in senkrecht schraffierten bzw. ganz schwarzen Rechtecken die jeweilige Anzahl der mit Alarm der Feuerwehr verbundenen Brände dar, die nach der ›Nachweisung F‹ der ›Berichte‹ durch fehlerhafte Gasleitungen bzw. fehlerhafte elektrische Leitungen verursacht wurden. Vergleicht man das Bild mit den ersten beiden graphischen Darstellungen (Fig. 1 und 2), so fällt sofort auf, daſs hier das Gas bei weitem keinen so groſsen Vorsprung hat als dort, mit andern Worten, daſs in Berlin verhältnismäſsig weit weniger

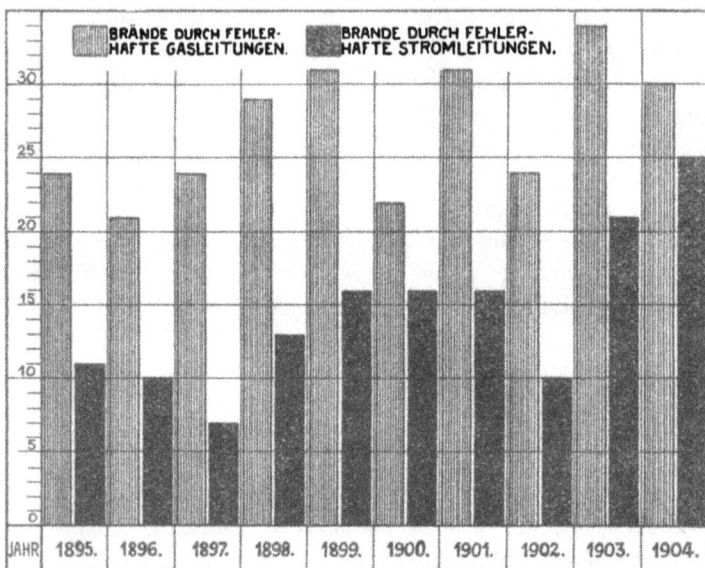

Fig. 7. Aus der Brandursachenstatistik der Berliner Feuerwehr.

Brände durch fehlerhafte Gasleitungen entstehen als durch fehlerhafte elektrische Leitungen; ferner, daſs beide Arten von Bränden sich bei weitem nicht in dem Maſse vermehrten als die Zahl der Gas- bzw. Stromabnehmer. Die Zahl der Gasverbraucher betrug Ende 1895/96 nur 110000, Ende 1904/05 mehr als doppelt so viel; die Zahl der Brände infolge fehlerhafter Gasleitungen stieg aber nur von 24 auf 30. Für das Jahr 1904/05, an dessen Schluſs nach dem im ersten Hauptabschnitt dieser Abhandlung Gesagten im Weichbild der

Aus der Brand- und Brandursachenstatistik der Berliner Feuerwehr:

Berichtsjahr	1895/96	1896/97	1897/98	1898/99	1899/00	1900/01	1901/02	1902/03	1903/04	1904/05
Gesamtzahl der Brände	—	—	—	—	—	11060	11428	12814	12603	12788
Davon waren verursacht durch { fehlerhafte Gasleitung	24	21	24	29	31	22	31	24	34	30
fehlerhafte elektrische Leitung .	11	10	7	13	16	16	16	10	21	25
Spielen von Kindern	40	51	45	49	74	69	66	55	72	77
Petroleum, Öl, Kerzenlicht . . .	53	36	26	26	23	23	22	11	14	18
schadhafte Heizanlage	56	58	45	55	52	64	50	70	82	74

Stadt Berlin über 235000 Hausgasleitungen und (mit Einschluſs der Einzelanlagen) etwa 23000 elektrische Anlagen im Betrieb waren, sind nur 30 Brandfälle durch fehlerhafte Gasleitungen und auch nur 25 Brandfälle durch fehlerhafte elektrische Leitungen entstanden. Bei den elektrischen Leitungen hatte also nur eine von über 900, bei den Gasleitungen sogar nur eine von fast 8000 das Eingreifen der Feuerwehr erfordert! Da nun eine behördliche Überwachung im besten Falle nur schon vorhandene sinnfällige Fehler an den Einrichtungen entdecken, keineswegs aber deren nachheriges Schadhaftwerden und noch viel weniger die gelegentliche verkehrte Handhabung an sich einwandfreier Anlagen oder das leichtsinnige Verhalten beim Auftreten einer Störung verhüten kann, so lehren diese Zahlen, daſs eine behördliche Überwachung der in Berlin vorhandenen elektrischen und Gasanlagen völlig unangebracht ist. Ganz abgesehen von der unnützen Behelligung der Konsumenten würden ja die Kosten der Überwachung von 8000 Gasleitungen ein Vielfaches der Summe darstellen, die zum Ersatz des durch eine einzige davon verursachten Brandschadens aufzuwenden war. Wenn man nun noch in Betracht zieht, daſs in Berlin im letzten Berichtsjahr nicht weniger als 12788 Brandfälle zur Meldung kamen und daſs davon 2045 das Eingreifen der Feuerwehr erforderten, so bilden die erwähnten 30 bzw. 25 Fälle eine so kleine Gruppe, daſs man den gar zu überwachungslustigen Behörden die altrömische Regierungsregel vorhalten darf: ›Minima non curat praetor!‹

Von Einzelheiten aus dem hier benutzten statistischen Material verdienen folgende im Rahmen dieser Abhandlung Erwähnung:

1. **Brandgefahr in Gas- und Elektrizitätswerken.** Nach Aufzeichnungen des Verfassers sind in den letzten zehn Jahren im Deutschen Reich weit mehr Elektrizitätswerke als Gasanstalten von Schadenfeuern heimgesucht worden. Die Verwaltungsberichte der Berliner Feuerwehr bestätigen diese Erfahrung in ihrer ›Nachweisung K‹ über die Brandstätten; darin sind nämlich in den fünf Jahren 1900/01—1904/05 neun Brände in Elektrizitätswerken verzeichnet, aber nur einer in einer Gasanstalt. Die Statistik der Feuerversicherungsgesellschaften weist für dieselbe Zeit 29 durch Kurzschlüsse und sonstige Fehlwirkungen des Stromes verursachte Brandfälle in deutschen Elektrizitätswerken nach.

2. **Brandgefahr durch elektrische Anlagen in Theatern.** Es ist längst bekannt, daſs die s. Z. so oft behauptete Feuersicherheit elektrischer Anlagen in Theatern tatsächlich nicht besteht. In dieser Hinsicht liefern wieder die Berichte der Berliner Feuerwehr (in ihren »Nachweisungen« J und K) sehr lehrreiche Angaben; aus den fünf Jahren 1900/01—1904/05 verzeichnen sie 66 Entzündungen in Berliner Theatern, wovon nicht weniger als 21, also fast der dritte Teil, durch Kurzschlüsse und andere elektrische Vorgänge hervorgerufen wurden. Viermal hatte der elektrische Strom im Neuen Kgl. Operntheater gezündet, je zweimal im Kgl. Schauspielhaus, Apollo-, Luisen- und Zentraltheater, je einmal im Berliner, Neuen, Metropol-, Schiller-, Passage-, Karl Weiſs-, Schall und Rauch- und in Wolzogens Buntem Theater. Es waren also fast alle Berliner Theater in diesen fünf Jahren einmal oder wiederholt durch ihre elektrischen Anlagen mit Feuer bedroht. Bemerkenswert ist dabei, daſs die einzelnen Fälle, soweit genauere Nachrichten darüber vorliegen, sämtlich so geartet waren, daſs eine jährlich einmal oder öfter stattfindende behördliche Revision sie sicherlich nicht verhütet hätte. Nur der s t ä n d i g e n Überwachung während des Betriebs durch geschulte Feuerwehrleute ist es zu danken, daſs die Gefahr jeweils sofort bei ihrem Auftreten unterdrückt wurde.

3. **Brandgefahr in Warenhäusern.** In den Statistiken des Verbandes der Feuerversicherungsgesellschaften sind aus den fünf Jahren 1900—1904 nicht weniger als 32 durch Elektrizität verursachte Schadenfeuer in Warenhäusern nachgewiesen, darunter mehrere sehr schwere, mit Verlust an Menschenleben verbundene. D i e a u f f a l l e n d e b e h ö r d l i c h e B e v o r z u g u n g d e s e l e k t r i s c h e n L i c h t e s f ü r W a r e n h ä u s e r erscheint d a r n a c h d u r c h a u s u n a n g e b r a c h t. Es wäre namentlich in B a y e r n an der Zeit, die ungerechte, das Gasfach schwer schädigende Bestimmung 3 im II. Teil der Verordnung Nr. 22273 des Staatsministeriums des Innern vom 7. Okt. 1903 (»Allgemeine Anweisung für die Feuer- und Betriebssicherheit in Warenhäusern und groſsen Geschäftshäusern«) aufzuheben, die wörtlich lautet: »Gasbeleuchtung darf nur dann eingerichtet werden, wenn eine zentrale elektrische Beleuchtungsanlage nicht vorhanden ist«(!). Wie s. Z. der deutsche Verein von Gas- und Wasserfachmännern die Polizeiverordnung vom 7. April 1900 in Straſsburg, die auch das Gaslicht kurzerhand aus den Warenhäusern verbannen wollte, so lang bekämpfte, bis sie aufgehoben

wurde, so wird sein Bayerischer Zweigverein hoffentlich erfolg-
reich gegen diese ganz und gar einseitige und ungerechte Bestimmung der angezogenen Ministerialverordnung vorgehen. Auch
Behörden sollten bei der Beurteilung der Feuersgefährlichkeit
des Gases und der Elektrizität nicht nach Annahmen,
Gefühlen und Meinungen entscheiden, sondern nach
den statistischen Tatsachen, und diese tun nun einmal
unzweifelhaft dar, daſs einerseits die vermeintliche Feuersicherheit elektrischer Lichtanlagen nicht vorhanden und durch noch
so viele Verordnungen auch nicht zu schaffen ist, daſs aber
anderseits die nachgewiesene Feuersgefährlichkeit des Leuchtgases viel kleiner ist als die angenommene. Es ist schlechthin
unbegreiflich, wie man in Bayern mit einem Federstrich für
Warenhäuser das Gaslicht verbieten und das elektrische an-
ordnen konnte, obwohl in der vorangegangenen Zeit eine ganze
Anzahl zum Teil sehr schwerer Warenhausbrände durch elektrische
Ursachen entstanden waren[1]), darunter auch einige in Bayern!

Über die Höhe der Brandschäden, die im Jahrfünft
1899—1903 im Königreich Preuſsen durch Gasexplosionen
und elektrische Fehlwirkungen hervorgerufen wurden, gibt
eine vor kurzem im »Deutschen Reichs- und Königlich-Preuſsi-
schen Staatsanzeiger«[2]) veröffentlichte, auf einer vom Kgl.
Preuſs. Statist. Landesamt veranstalteten Auszählung beruhende
Statistik Aufschluſs. Darnach sind bekannt geworden:

1200 Gasexplosionen mit einem Gesamtschaden
    in Höhe von . . . .   M. 909 305
478 erwiesene Brände durch Elektrizität mit
    einem Schaden von . . . .   M. 2 357 652
162 mutmaſsliche Brände durch Elektrizität mit
    einem Schaden von . . . .   M. 5 160 731.

Die Zahl der Gasexplosionen ist hier $2\frac{1}{2}$ mal so groſs
als die Zahl der erwiesenermaſsen durch Elektrizität entstandenen Brände; diese haben aber einen über $2\frac{1}{2}$ mal so
groſsen Schaden verursacht als jene. Zu beachten ist,
daſs auch hier wieder nicht nur Leuchtgasexplosionen ge-

---

[1]) Vgl. die Nachweisung im Journ. f. Gasbel. 1900, S. 346.

[2]) Nr. 64 vom 15. März 1906. Journ. f. Gasbel. 1906, Nr. 13,
vom 31. März, S. 295 und 296.

zählt wurden, sondern auch solche anderer Gasarten, und anscheinend auch nicht nur die Explosionen mit nachfolgendem Brand, sondern auch die ohne solchen; ferner, daſs die Schadenssumme auf seiten der Elektrizität offenbar nur zufällig so sehr viel gröſser ist, weil in diesem Jahrfünft mehrere auſserordentliche Groſsfeuer durch Kurzschlüsse u. dgl. entstanden sind. In der Veröffentlichung heiſst es am Schluſs:

> ›Leider fehlt ein Nachweis über die Gesamtzahl der Gaslampen, Gasmotoren, Gasküchen einerseits, der elektrischen Lampen und sonstigen Apparate anderseits, wodurch allein sich eine einwandfreie Vergleichung der Gefährlichkeit von Gas und Elektrizität ermöglichen lieſse‹.

Nun, sehr viel Material zu einem solchen Nachweis enthält der erste Hauptabschnitt dieser Abhandlung in den Schaubildern Fig. 1—4 und den zugehörigen Tabellen und Erläuterungen. Hält man es mit der amtlichen Brandschadenstatistik zusammen, so bestätigt diese abermals den oben auf die Erfahrungen der Feuerversicherungsunternehmungen begründeten Satz, daſs die relative Feuersgefahr bei Leuchtgasanlagen erheblich geringer ist als bei elektrischen Anlagen.

Damit kann das Kapitel von der Brandgefahr geschlossen werden. Nun ist einiges über die Unfallsgefahr bzw. die Häufigkeit von Verletzungen im Betrieb von Elektrizitätswerken und Gasanstalten zu sagen. Auch in dieser Hinsicht nehmen ja weite Kreise ohne weiteres an und sprechen es auch unbedenklich aus, daſs die »schwere Arbeit« in den »rauchigen, schmutzigen Gaswerken« »natürlich viel gefährlicher« sei als die leichte Arbeit in den hellen, reinlichen Elektrizitätswerken; namentlich in den aufreizenden Reden, die neuerdings von berufsmäſsigen, weder die Arbeit noch die tatsächlichen Verhältnisse kennenden Agitatoren vor Gasarbeiterversammlungen gehalten werden, spielt die Behauptung eine groſse Rolle, die Arbeit in den Gasanstalten sei »überaus gefährlich«. Daſs sie dies in Wirklichkeit nicht ist und sogar relativ weniger Verletzungen im Gefolge hat als die Arbeit in elektrischen Zentralen, wird durch folgende Tabelle bewiesen, worin die im Laufe der letzten fünf Jahre in der

Gasanstalt bzw. im Elektrizitätswerk in Dessau vorgekommenen Unfälle[1]) einander gegenübergestellt sind:

Jahr	Gasanstalt:		Elektrizitätswerk:	
	Höchste Arbeiterzahl	Unfälle	Höchste Arbeiterzahl	Unfälle
1901	117	12	26	3
1902	116	15	26	2
1903	125	8 } zus. 46	27	4 } zus. 17
1904	143	5	32	6
1905	137	6	45	2
Durchschnitts- werte:	127,4	9,2	31,2	3,4

Somit erlitt im Jahresdurchschnitt im Gaswerksbetrieb
einer von ∞14 Arbeitern einen »Unfall«, beim Elektrizitätswerk
hingegen schon einer von ∞9. Soweit von andern Städten
Verzeichnisse vorliegen, bestätigen sie diese relativ gröfsere
Unfallshäufigkeit im Betriebe der elektrischen Zentralen; um
nur noch ein Beispiel zu bringen, seien die Zahlen von Dresden mitgeteilt:

**Unfälle im inneren Betrieb der städtischen Gas- und Elektri-
zitätswerke zu Dresden in den Jahren 1900—1905.[2])**

Höchste Arbeiterzahl, durchschnittlich:		Anzahl der Unfälle	
		insgesamt:	durchschnittlich im Jahr:
Gasanstalten:	780	266	∞44
Elektrizitätswerke:	360	188	∞31

Im Betrieb der Gasanstalten zu Dresden kam somit im
Jahresdurchschnitt einer von 13,2 Arbeitern zu Schaden, im Betrieb der Elektrizitätswerke hingegen schon einer von 11,6.

Diese auf den ersten Blick verblüffende Erscheinung wird
leicht erklärlich, sobald man nur einmal die Unfallmeldezettel
darauf ansieht, welcher Art denn die »Unfälle« hauptsäch-
lich sind. Man findet da Quetschungen, Schnittwunden, Ver-
stauchungen, Muskelzerrungen und sonstige beim Gebrauch
von Werkzeugen und Arbeitsmaschinen vorkommende Ver-

---

[1]) Nach den bekannten gelben Unfallsanzeigen der Berufs-
genossenschaft der Gas- und Wasserwerke.

[2]) Nach den offiziellen Betriebsberichten der städtischen Werke.

letzungen in grofser Zahl; noch häufiger kommt Fall von Leitern, Gerüsten u. dgl., Stolpern über Schwellen oder herumliegende Gegenstände und Beschädigung durch Zusammenbruch, Einsturz, Um- oder Herabfallen von Gegenständen vor[1]); auch Verbrennungen an glühenden Stoffen kommen öfter vor. Dagegen sind unmittelbar durch das Gas bzw. den elektrischen Strom verursachte Unfälle überaus selten.

Unter den 46 vom Gaswerk in Dessau während der letzten fünf Jahre gemeldeten Unfällen ist nur ein einziger, der direkt durch Gas verschuldet wurde: Ein Gasmeisterschüler erlitt Brandwunden im Gesicht und an den Händen bei einer Gasexplosion, die er beim Auswechseln einer Gasuhr durch vorschriftswidriges Verhalten selbst verschuldete. Auch unter den 17 von der elektrischen Zentrale in Dessau gemeldeten Unfällen ist nur einer durch elektrischen Strom verursacht: Ein Monteur wurde von der Stichflamme, die ein starker Kurzschlufs beim Arbeiten an einem Schaltbrett erzeugte, getroffen und an der Stirn und den Händen stark angesengt. Ein Fall von Vergiftung durch ausströmendes Gas ist unter dem Personal der Gasanstalt nicht vorgekommen.

Es handelt sich also bei den nachgewiesenen Unfällen fast ausschliefslich um Vorgänge, wie sie in jedem mit Werkzeugen, Geräten, Maschinen, Schmiedefeuern u. dgl. arbeitenden Betrieb vorzukommen pflegen, und nur in verschwindend geringem Mafse um Vorkommnisse, welche auf die Eigenart und die besonderen Gefahren der Betriebe zurückzuführen sind. Die Richtigkeit dieser hier nur auf die Erfahrungen aus Dessau begründeten Behauptung wird u. a. dadurch bestätigt, dafs unter 331 Unfällen, die im Bereich der deutschen Betriebe der D. C. G. G. (18 Gasanstalten mit zusammen fast 1000 Arbeitern und Unterbeamten) im Laufe des letzten Jahrfünfts zur Meldung gelangten, nur 9 = 2,7 % auf Fehlwirkungen des Gases zurückzuführende

---

[1]) Fast genau die Hälfte (49,6 %) aller in den Jahren 1889—1902 vorgekommenen Unfälle in deutschen Gaswerken entfallen auf die Kategorien »Fall von Leitern usw.« (34,02 %) und »Zusammenbruch von Gegenständen« (15,58 %); vgl. den Vortrag von C. Heidenreich im Journ. f. Gasbel. 1904, S. 584 u. ff.

sich finden, nämlich 8 Verletzungen bei Gasexplosionen und 1 Betäubung durch ausströmendes Gas.

Damit dürfte zur Genüge bewiesen sein, daſs die Unfallsgefahr bei den Gaswerken tatsächlich kleiner ist als bei den Elektrizitätswerken, und daſs sie, soweit Fehlwirkungen des Gases bzw. des elektrischen Stroms in Betracht kommen, überhaupt bei beiden an sich viel geringer ist, als man im Hinblick auf die »Gefährlichkeit« des einen und des andern Energieträgers anzunehmen geneigt ist.

Über das schlimmste Schuldkonto, nämlich über die durch Elektrizität bzw. durch Gas verursachten Todesfälle, ist bisher

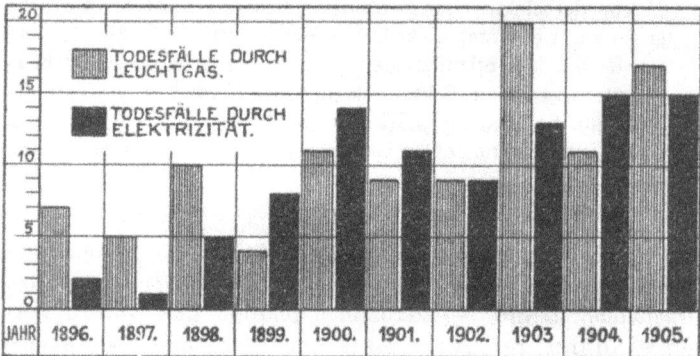

Fig. 8.

keinerlei amtliches Zahlenmaterial bekannt geworden. Die Ergebnisse einer privaten Statistik, die seit dreizehn Jahren unter Heranziehung eines sehr vielseitigen Quellenmaterials von der Deutschen Continental-Gas-Gesellschaft in Dessau geführt wird, sind für die letzten zehn Jahre in vorstehendem Schaubild Fig. 8 vereinigt. Die schwarzen Rechtecke stellen die jeweilige Anzahl der Todesfälle durch elektrischen Strom, die senkrecht schraffierten die Zahl der Tötungen durch Leuchtgasexplosionen und -Vergiftungen im Deutschen Reich dar. In den ersten Jahren sind dem Sammler wahrscheinlich nicht alle vorgekommenen Fälle bekannt geworden, für die letzten sechs Jahre dürfte aber das Bild annähernd vollständig sein.

Bemerkt sei, daſs unter Abzug aller derjenigen Fälle, die mit
Bestimmtheit als Morde und Selbstmorde erkannt waren, nur
Tötungen durch Leuchtgas (Steinkohlengas) in Vergleich gestellt sind; die den andern Gasarten zur Last fallenden
Vergiftungen und tödlichen Verletzungen bei Explosionen sind
nicht mitgerechnet, da es nur darauf ankam, die »Gefährlichkeit« des »gewöhnlichen Leuchtgases« zu ermitteln. Weil
beim Sichten der Meldungen wiederholt auffiel, daſs »Gasexplosionen« und »Gasvergiftungen« aus Orten angezeigt
wurden, die überhaupt nicht mit Leuchtgas versorgt
sind, beschränkte sich der Sammler in vielen Fällen nicht auf
die einfache Registrierung der ihm zugekommenen Notiz,
sondern er versuchte, durch Rückfragen bei den Gasanstalten,
Polizeibehörden u. dgl. näheres über die Vorgänge zu erfahren.
Dabei stellte sich nicht selten heraus, daſs die Zeitungsbericht-
erstatter von Leuchtgas- oder Kohlengasvergiftungen geschrieben hatten, wo tatsächlich Erstickung durch Kohlen-
oxyd (aus Heizöfen) vorlag; noch jüngst (im Januar 1906)
ging durch viele mitteldeutsche Blätter die Notiz von der
Leuchtgasvergiftung zweier Frauen in Leipzig, und nur ganz
wenige davon stellten den ersten Bericht dahin richtig, daſs
Ofengase das Unglück herbeigeführt hatten.

Von 72 im Jahre 1905 in deutschen Zeitungen gemeldeten
Todesfällen infolge »Gasexplosion« oder »Gaseinatmung« ent-
fielen nur 15 erwiesenermaſsen auf Leuchtgas, die andern auf
Azetylen, Fettgas, Sauggas, Ergin- und Benzindämpfe, Kohlen-
oxyd (Rauchgas), Kanalgase, Schwefelkohlenstoff, Grubengase
u. a. m. Man sieht hieraus, daſs man längst nicht alles, was in
der Tagespresse kurzweg »Gas« genannt wird, ohne weiteres
dem Leuchtgas zur Last schreiben darf. Herr Prof. Budde
hat dies jedoch allem Anschein nach getan; denn sonst hätte
er nicht zu der Behauptung kommen können, daſs das ganz
gewöhnliche Leuchtgas viel gefährlicher sei als der elektrische
Strom.

Das Schaubild spricht anders. Es zeigt, daſs in mehreren
Jahren das Schuldkonto der Elektrizität sogar absolut gröſser
war als das des Leuchtgases, und daſs im allgemeinen, wenn
man sich der viel gröſseren Verbreitung des Leuchtgases er-
innert, dieses relativ durchweg günstiger dasteht als sein

Rivale. Insgesamt sind für die zehn Jahre erwiesen 103 Todesfälle durch Leuchtgas und 93 durch Elektrizität.

Von Einzelheiten aus der Sammlung ist erwähnenswert, daſs unter dem fast 1000 Mann betragenden Personal der deutschen Gaswerke der D. C. G. G. im letzten Jahrfünft nur ein tödlicher Unfall durch Leuchtgas vorgekommen ist, eine Vergiftung durch ausströmendes Gas in Potsdam.

Wie gering aber an sich auch hier wieder die »Gefährlichkeit« des Gases und der Elektrizität ist, geht daraus hervor, daſs das Petroleum und sogar der als Leucht- und Heizmittel doch nur eine recht bescheidene Rolle spielende Spiritus in den letzten Jahren unvergleichlich mehr Menschenleben vernichtet haben. Die in dieser Beziehung jedenfalls weniger vollständige Sammlung der D. C. G. G. weist nämlich allein aus dem Jahre 1905 aus dem Gebiet des Deutschen Reiches 202 Todesfälle infolge Explosion von Petroleumlampen und -gefäſsen auf, also in einem Jahre mehr, als Leuchtgas und Elektrizität zusammen in zehn Jahren verschuldeten; in ihr sind ferner verzeichnet 53 Todesfälle durch Brennspiritus. Hier wie dort handelt es sich zumeist um Explosionen beim Nachgießen in nicht völlig ausgebrannte Apparate, Lampen usw. oder beim Einschütten in schlecht brennendes Herdfeuer, zwei anscheinend unausrottbare Unsitten; in zweiter Linie stehen die tödlichen Verbrennungen durch Überlaufen von brennendem Spiritus aus den Behältern der Apparate, wobei jedenfalls der Umstand besonders erschwerend wirkt, daſs die Spiritusflamme nur schwach sichtbar ist. Die Zeitungen berichten über diese so häufigen Unfälle, die Behörden erfahren zweifellos auch noch auf anderen Wegen davon, und dennoch sind bis jetzt noch keine Verordnungen über den Umgang mit Petroleum und mit Brennspiritus herausgekommen und sind weder die gesetzgebenden Körperschaften, noch die betr. Industrien, noch auch das Publikum mit Überwachungsvorschlägen behelligt worden. Man wird dies vielleicht selbstverständlich finden und sagen, Verordnungen und behördliche Revisionen seien gegen unausrottbare Leichtfertigkeit und gegen Verkettungen nicht vorhersehbarer unglücklicher Zufälle wirkungslos und daher überflüssig.

Ganz dasselbe gilt aber auch von den Unfällen aller Art durch Elektrizität und namentlich durch Leuchtgas! Dies' ist ein Gesichtspunkt, der in dem leider erfolglosen Kampfe gegen die Überwachung der elektrischen Anlagen bei weitem nicht genug betont worden ist[1]) und von vornherein mit allem Nachdruck gegen eine etwa beabsichtigte Überwachung der Leuchtgasanlagen geltend gemacht werden mußs.

Aus der Fülle von statistischem Material, das dieser Abhandlung zugrunde liegt, drängt sich bei näherer Betrachtung der einzelnen Fälle, in denen Leuchtgas Brände, Explosionen, Verletzungen und Todesfälle verursacht hat, die Erkenntnis geradezu auf, daß auch die schärfste Überwachung der Anlagen der Zahl der Unfälle nicht nennenswert hätte einschränken können. Denn nicht von vornherein mangelhafte Einrichtungen oder längere Zeit hindurch bestehende Schäden, sondern vielmehr bodenloser Leichtsinn, Betrunkenheit, Mißachtung der einfachsten, tausendmal gepredigten Verhaltungsmaßregeln und Verkettung unglücklicher Zufälle waren und sind die Hauptursachen jener Unfälle. Beinahe stereotyp kehren in den Berichten über Gasexplosionen und Gasvergiftungen etwa folgende Wendungen wieder:

›Da und da roch es stark nach Gas; der und der stieg auf einen Stuhl, eine Leiter o. dgl. und begann mit einem brennenden Zündholz die Leitung abzuleuchten; plötzlich gab es eine heftige Explosion, der Unvorsichtige wurde, im Gesicht und an den Händen schwer verbrannt, herabgeschleudert und erlitt den und den Knochenbruch, eine Gehirnerschütterung o. dgl.‹; oder:

›Da und da war über Nacht an einem Gasherd, einem Badeofen o. dgl. ein Hahn versehentlich offen geblieben;

---

[1]) Herr Prof. W. Kübler in Dresden hat in der seinem Vortrag über ›die vermeintlichen Gefahren der elektrischen Betriebe‹ vor der Schiffbautechnischen Gesellschaft beigegebenen graphischen Darstellung Fig. 14 und in der zugehörigen Tabelle III die wenigen Fälle besonders aufgeführt, in denen vielleicht Revision geholfen hätte.

als dann in der Frühe der Haupthahn geöffnet wurde[1]), betäubte
das ausströmende Gas den und den oder die und die oder gab
es eine heftige Explosion‹;
oder:

›In . . . . wurde das aus einem gebrochenen Strafsenrohr
entweichende Gas bei Frostwetter in das angrenzende
Haus des ‥ . . . hineingesogen und betäubte . . .‹

Es leuchtet ohne weiteres ein, dafs in all diesen Fällen
auch die schärfste staatliche Überwachung das Unheil nicht
hätte abwenden können. Der gefährliche Zustand war ja
nicht etwa in der Anordnung der Leitungen, Brenner, Apparate usw. seit längerer Zeit dauernd vorhanden, so dafs
er vielleicht bei einer sehr gründlichen Revision entdeckt
werden konnte, er trat vielmehr erst kurz vor dem Unfall infolge verkehrter Handhabung oder leichtsinnigen Ver-
haltens oder durch Zusammentreffen widriger Umstände ein.
Die Zahl der anders gearteten Unfälle, die vielleicht durch eine sehr gründliche und sehr oft
ausgeübte Überwachung der einzelnen Verbrauchsstellen hätte abgewendet werden können, ist
aber geradezu verschwindend gering.

Von den 17 Todesfällen, die das Leuchtgas im ersten Halbjahr 1906 in Deutschland verschuldet hat, hätte nach der festen
Überzeugung des Verfassers kein einziger durch amtliche
Überwachung der betr. Gasanlagen verhütet werden können.
Oder glaubt jemand, dafs z. B. die schworen Explosionen, die
beim Abbruch eines alten Stadtdruckreglers in der Fleethörn-
Gasanstalt in Kiel und beim Abbruch eines ausgedienten Gas-
behälters in Pinneberg sich ereigneten und vier Menschenleben kosteten, durch eine vielleicht sechs Wochen zuvor statt-
gehabte gründliche Revision der betr. Anlagen abwendbar gewesen wäre, oder dafs eine behördliche Besichtigung des Plätt-
apparates, bei dessen verkehrter Handhabung ein Dienstmädchen
in Nakel sich eine tödliche Gasvergiftung zuzog, das Mifs-
geschick unmöglich gemacht hätte?

Dasselbe gilt in kaum schwächerem Mafse von den 14 Todesfällen, die dem elektrischen Strom im ersten Halbjahr 1906 in

---

[1]) Die Unsitte, den Gashaupthahn über Nacht zu schliefsen,
besteht leider noch bei vielen Konsumenten und wird sogar von
Zeitschriften usw. immer wieder empfohlen!

Deutschland zur Last fallen. Oder wie denkt man sich die
›Überwachung‹ der Hochspannungsleitungen, mit der man Fälle
verhindern könnte, wie z. B. den Tod des 8 jährigen Knaben in
G e h r d e n bei Hannover, der zum Ausheben eines Spatzen-
nestes am Leitungsmast hinaufkletterte, oder den Tod des Unter-
sekundaners in L a n g e n b r ü c k e n, der mit einer Hopfenstange
gegen die Starkstromleitung schlug, oder den Tod des Ober-
monteurs in M e i d e r i c h, der einen Arbeiter zum Abstellen
des Starkstroms aussandte, aber die Leitung schon anfaßte, ehe
der Befehl befolgt war?

Man wird vielleicht einwenden, an solche Fälle sei bei
der geplanten staatlichen Überwachung nicht gedacht. Dem
ist die Tatsache entgegenzuhalten, daß eben d e r a r t i g e Fälle
d i e ü b e r w ä l t i g e n d e Mehrheit bilden und neben ihnen
nur ganz wenige anders geartete vorzukommen pflegen; ferner
die Tatsache, daß k e i n e i n z i g e r derartiger Fall abge-
zogen wurde, als die preußische Regierung ihren Gesetz-
entwurf, betr. die Überwachung der elektrischen Anlagen, zu
begründen versuchte. Da wurde nur auf die angeblich hohe
Zahl der Opfer des elektrischen Stromes hingewiesen, die eine
Überwachung dieser ›gefährlichen‹ Naturkraft erheische, aber
jede Erörterung darüber vermieden, wie viele oder besser wie
überaus wenige jener Opfer durch die Überwachung zu retten
gewesen wären!

Darum erscheint es geboten, diesen wichtigen Nachweis,
d a ß d i e g r o ß e M e h r z a h l d e r U n f ä l l e d u r c h k e i n e
a m t l i c h e Ü b e r w a c h u n g v e r h ü t e t w e r d e n k a n n,
schon jetzt gegen etwaige auf das Leuchtgas abzielende Über-
wachungspläne nachdrücklich geltend zu machen, außerdem
aber noch folgendes zu betonen:

1. daß das Leuchtgas in Deutschland nun schon über
   siebzig Jahre lang in stets wachsendem Umfang er-
   zeugt und benutzt wird, ohne daß jemals von ernst
   zu nehmender Seite die Forderung erhoben worden
   wäre, die Anlagen staatlich zu überwachen;
2. daß die Gasfachmänner selbst und mit ihnen die
   Konstrukteure und Fabrikanten aller bei der Herstellung, der Fortleitung und der Benutzung des Gases
   gebräuchlichen Einrichtungen in ihrem eigenen

Interesse von jeher und, wie u. a. auch aus dieser Abhandlung hervorgeht, mit sehr gutem Erfolg bestrebt gewesen sind, die Möglichkeit schädlicher Wirkungen des Gases einzuengen, und daſs sie auch weiterhin unausgesetzt nach dieser Richtung hin tätig sein werden, zweifellos mit mehr Aussicht auf weitere Erfolge, als staatliche Beamte, denen die praktische Erfahrung und die nur durch diese erreichbare Fähigkeit abgeht, schnell und sicher das Richtige zu erkennen;

3. daſs das Leuchtgas, welches, wie oben an Hand eines reichen und vielseitigen Zahlenmaterials dargetan wurde, tatsächlich relativ und in mancher Hinsicht sogar absolut weniger Schäden an Eigentum, Leib und Leben verursacht hat, als der elektrische Strom und andere Energieträger, diesen gegenüber noch den groſsen Vorteil aufweisen kann, daſs es in den meisten Fällen durch seinen bekannten Geruch die entstehende Gefahr anzeigt, lange bevor sie einen bedrohlichen Umfang erreicht.

Werden diese Gesichtspunkte gehörig betont und überall da, wo es nottut, beachtet, dann wird es nie so weit kommen, daſs die Gasanlagen für überwachungsbedürftig erklärt werden; dann wird vielmehr das grundlose Gerede von der »Gefährlichkeit« des Leuchtgases nach und nach verstummen müssen!

———————⊰⊱———————

Druck von R. Oldenbourg in München.

www.ingramcontent.com/pod-product-compliance
Lightning Source LLC
Chambersburg PA
CBHW031454180326
41458CB00002B/762